学ぶ人は、
変えて
ゆく人だ。

目の前にある問題はもちろん、

人生の問いや、

社会の課題を自ら見つけ、

挑み続けるために、人は学ぶ。

「学び」で、

少しずつ世界は変えてゆける。

いつでも、どこでも、誰でも、

学ぶことができる世の中へ。

旺文社

JN047429

はじめに

「ここ, きらいだな…」「わからないからやりたくないなあ…」
みなさんには, そういった苦手分野はありませんか。

　『高校入試 ニガテをなんとかする問題集シリーズ』は, 高校
入試に向けて苦手分野を克服する問題集です。このシリーズで
は多くの受験生が苦手意識を持ちやすい分野をパターン化し,
わかりやすい攻略法で構成しています。攻略法は理解しやすく,
すぐに実践できるように工夫されていますので, 問題を解きな
がら苦手を克服することができます。

　高校入試において, できるだけ苦手分野をなくすことは, と
ても重要なことです。みなさんが入試に向けて本書を活用し,
志望校に無事合格できることを心よりお祈りしています。

旺文社

目　次

■ 物理編

■ 化学編

編集協力：今井康二（有限会社マイプラン）
装丁デザイン：小川純（オガワデザイン）
装丁イラスト：かりた
本文デザイン：浅海新菜　小田有希
本文イラスト：ヒグラシマリエ
校正：田中麻衣子／下村良枝

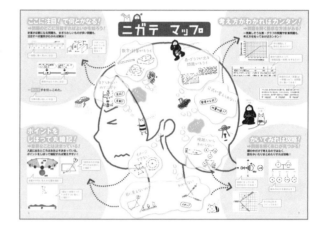

本書の特長と使い方

本書は，高校入試の苦手対策問題集です。受験生が苦手意識を持ちやすい内容と，それに対するわかりやすい攻略法や解き方が掲載されているので，無理なく苦手を克服することができます。

■ニガテマップ

理科のニガテパターンとその攻略法が簡潔にまとまっています。
ニガテマップで自分のニガテをチェックしてみましょう。

■解説のページ

例題とその解き方を掲載しています。

ニガテパターン
受験生が苦手意識を持ちやすい内容で単元が構成されています。

攻略法
ニガテパターンに対する攻略法です。苦手な人でも実践できるよう，わかりやすい攻略法を掲載しています。

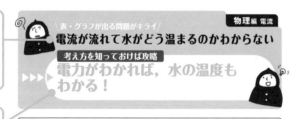

こう考える
攻略法を使って，例題の解説をしています。

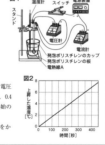

は覚える
解説の中で覚えておくべき内容をまとめています。

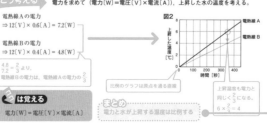

まとめ
攻略法のまとめです。

■入試問題にチャレンジ

実際の入試問題を掲載しています。

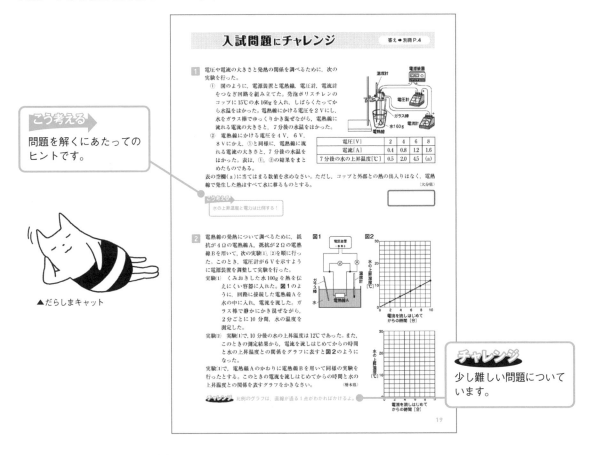

こう考える

問題を解くにあたっての
ヒントです。

▲だらしまキャット

チャレンジ

少し難しい問題について
います。

■解答・解説

別冊に,「入試問題にチャレンジ」の解答・解説を掲載しています。
解説は,本冊解説の攻略法をふまえた内容になっています。

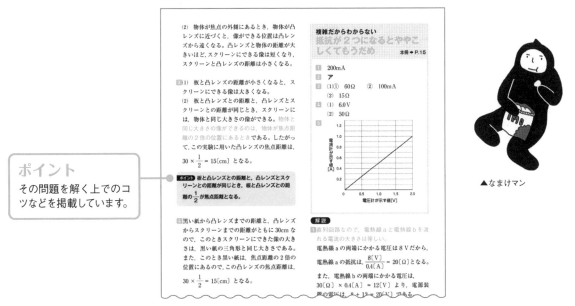

ポイント

その問題を解く上でのコ
ツなどを掲載しています。

▲なまけマン

ここに注目! で何とかなる!

➡問題のどこに注目すればよいかを知ろう!

計算が必要になる問題も,まぎらわしいものが多い問題も,
注目すべき箇所がわかれば解決!

1時間に動く長さに注目!

スポンジにふれている面だけを見る!

器官のはたらきに注目!

… 思わず 手を引っこめた。

文章の言い回しに注目!

ポイントをしぼって丸暗記!

➡重要なことは決まっている!

入試に出るところはおおよそ決まっている。
ポイントをしぼって暗記すれば覚えやすい!

金星が半円に見える位置を暗記!

「空気中の方が曲がり方は大きい」と暗記!

「星は1時間で15°,1か月で30°動く」と暗記!

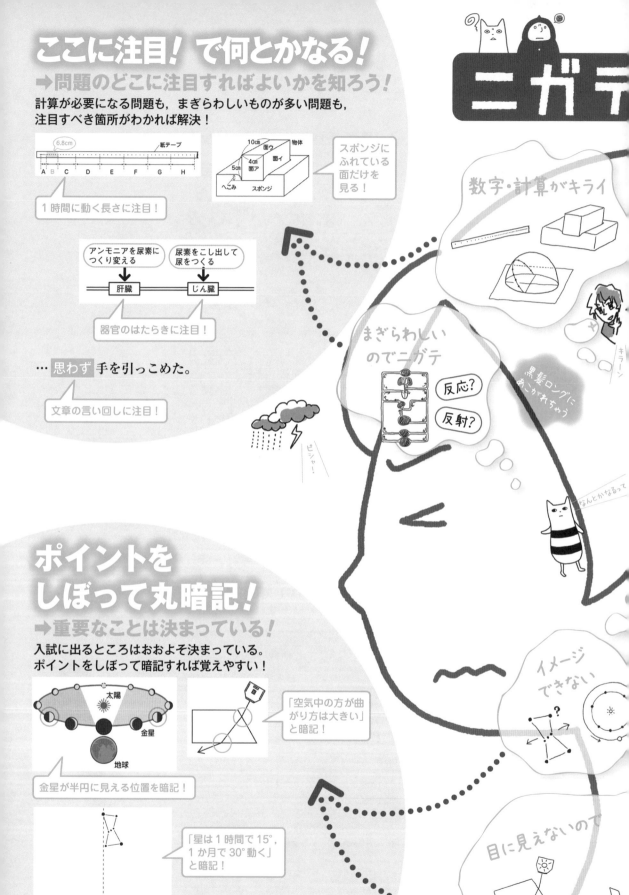

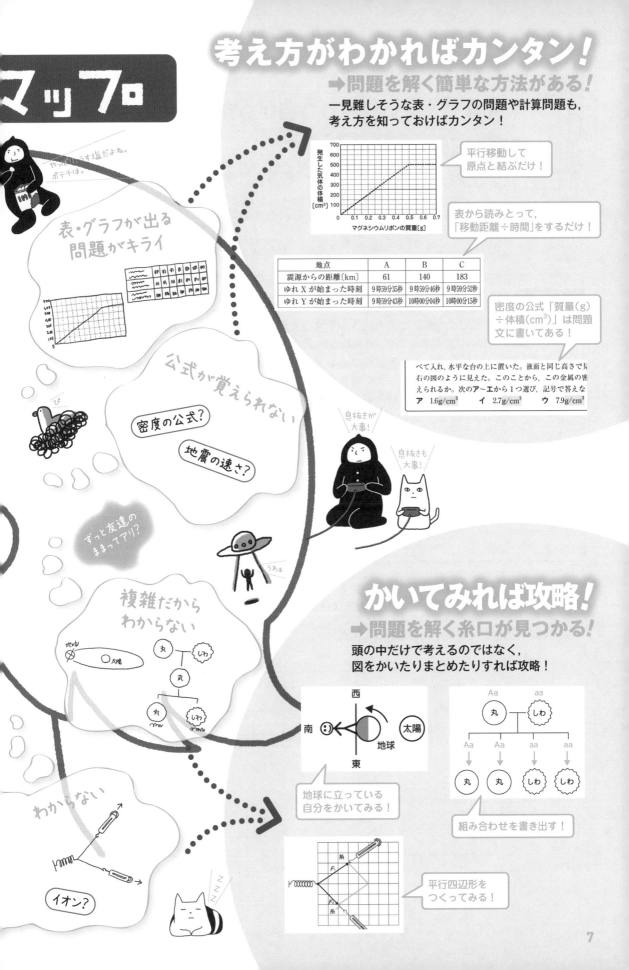

考え方がわかればカンタン！

➡問題を解く簡単な方法がある！

一見難しそうな表・グラフの問題や計算問題も，
考え方を知っておけばカンタン！

平行移動して
原点と結ぶだけ！

表から読みとって，
「移動距離÷時間」をするだけ！

地点	A	B	C
震源からの距離〔km〕	61	140	183
ゆれ X が始まった時刻	9時59分35秒	9時59分46秒	9時59分52秒
ゆれ Y が始まった時刻	9時59分43秒	10時00分04秒	10時00分15秒

密度の公式「質量(g)
÷体積(cm^3)」は問題
文に書いてある！

べて入れ，水平な台の上に置いた。液面と同じ高さで見
右の図のように見えた。このことから，この金属の密
えられるか。次のア〜エから1つ選び，記号で答えな

ア　$1.6g/cm^3$　　イ　$2.7g/cm^3$　　ウ　$7.9g/cm^3$

マッフロ

やっぱりうす塩だよね。
ポテチは。

表・グラフが出る
問題がキライ

公式が覚えられない

密度の公式？

地震の速さ？

ぴ

ずっと友達の
ままってアリ？

息抜きが
大事！

息抜きも
大事！

うわぁ

複雑だから
わからない

地球
太陽

丸 ― しわ
丸
丸 ― しわ

かいてみれば攻略！

➡問題を解く糸口が見つかる！

頭の中だけで考えるのではなく，
図をかいたりまとめたりすれば攻略！

西
南　太陽
地球
東

地球に立っている
自分をかいてみる！

Aa　　aa
丸 ― しわ

Aa　Aa　aa　aa

丸　丸　しわ　しわ

組み合わせを書き出す！

わからない

イオン？

F_1
F_2
糸
糸

平行四辺形を
つくってみる！

ZZZ

目に見えないのでわからない

光は見えないし，どう曲がるかなんてわからない

これだけ覚えれば攻略

▶▶▶▶ 空気中のほうが曲がり方が大きい！

例題

水平な台の上に透明な台形ガラスを置き，2つの光源A，Bを用いて，台形ガラスの側面に光を当て，光の進む様子を調べた。図は，この様子を真上から見たときの模式図である。光源Aから出た光は，図に示した道すじで台形ガラスを通り抜けた。図の光源Bから出た光は，どのような道すじで台形ガラスを通り抜けたと考えられるか。次の**ア〜オ**から最も適切なものを1つ選び，記号で答えなさい。

〈静岡県〉

ア 　イ 　ウ 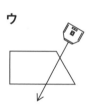　エ 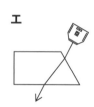　オ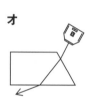

こう考える ▶ 光は直進するが，ガラスや水に当たると曲がって進む。この問題では，① 「空気中→ガラス」，② 「ガラス→空気中」に分けて光の進み方を見ていこう。

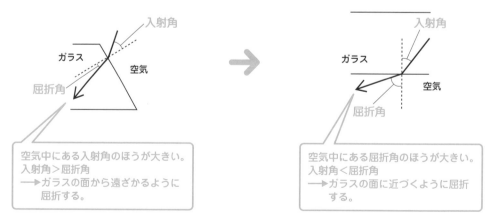

①**空気中→ガラス**（空気中にあるのは入射角）

空気中にある入射角のほうが大きい。
入射角＞屈折角
→ガラスの面から遠ざかるように屈折する。

②**ガラス→空気中**（空気中にあるのは屈折角）

空気中にある屈折角のほうが大きい。
入射角＜屈折角
→ガラスの面に近づくように屈折する。

答え　オ

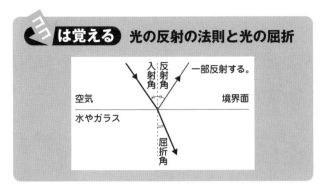

ココは覚える　光の反射の法則と光の屈折

入射角　反射角　一部反射する。

空気　　　　　　　　境界面

水やガラス

屈折角

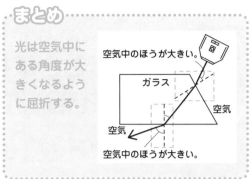

まとめ

光は空気中に
ある角度が大
きくなるよう
に屈折する。

空気中のほうが大きい。

ガラス

空気

空気

空気中のほうが大きい。

入試問題にチャレンジ

答え ➡ 別冊 P.1

1 光の屈折について調べるために，透明な直方体のガラスと光源装置を水平な台の上に置き，ガラスに斜めに光を当て，光が空気中からガラスへ入るときと，ガラスから空気中へ出ていくときの光の進み方を観察した。この実験を真上から見たとき，光の進み方はどのようになると考えられるか。最も適当なものを，次の**ア～エ**から1つ選び，記号で答えなさい。
〈神奈川県〉

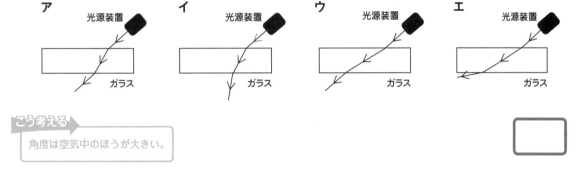

こう考える▶

角度は空気中のほうが大きい。

2 厚い透明なガラスを通してチョークを見たとき，右の図のように，チョークがずれて見えた。ガラスの中を通り目に入ってくるチョークからの光が，空気中からガラスに入るときに屈折する様子について述べたものと，ガラスから再び空気中へ出ていくときに屈折する様子について述べたものを組み合わせたものとして適切なものを，次の表の**ア～エ**から1つ選び，記号で答えなさい。
〈東京都〉

チョーク

厚い透明なガラス

	空気中からガラスに入るときに屈折する様子	ガラスから再び空気中へ出ていくときに屈折する様子
ア	屈折角は入射角より小さくなる。	屈折角は入射角より小さくなる。
イ	屈折角は入射角より小さくなる。	屈折角は入射角より大きくなる。
ウ	屈折角は入射角より大きくなる。	屈折角は入射角より小さくなる。
エ	屈折角は入射角より大きくなる。	屈折角は入射角より大きくなる。

チャレンジ　空気中にできるのは入射角か屈折角かを考えよう。

目に見えないのでわからない
像の大きさがわからない
注目するところがわかれば攻略
▶▶▶▶ **物体の位置に注目！**

例題

図のように，火のついたろうそく，焦点距離が 15cm の凸レンズ，スクリーンを一直線上に並べ，凸レンズを固定し，ろうそくとスクリーンを移動させて，像のでき方を調べた。ろうそくから凸レンズまでの距離を次の**ア～エ**にしたとき，スクリーンに最も大きなろうそくの像をうつすことができるのはどれか，次の**ア～エ**から１つ選び，記号で答えなさい。 〈茨城県〉

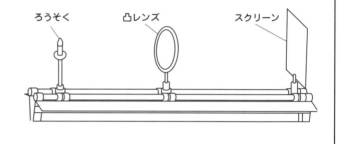

ア 10cm **イ** 20cm **ウ** 30cm **エ** 40cm

こう考える ▶ ①ろうそくから凸レンズまでの距離が近くなればなるほど，像は大きくなる。
②物体の位置が焦点より内側になると，スクリーンに像はできない。

①ろうそくの位置に注目（ろうそくが焦点の外側にある場合）

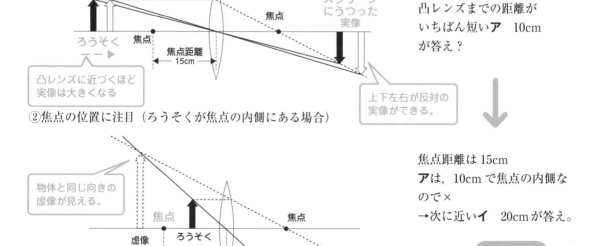

凸レンズまでの距離がいちばん短い**ア** 10cm が答え？

↓

焦点距離は 15cm
アは，10cm で焦点の内側なので×
→次に近い**イ** 20cm が答え。

答え **イ**

は覚える 物体の位置とできる像や像の大きさの関係

物体の位置によって，凸レンズを通った光による像がかわる。
以下の表を覚えておこう。

物体の位置	像	像の大きさ
焦点距離の2倍より外側	実像	物体よりも小さい
焦点距離の2倍	実像	物体と同じ大きさ
焦点距離の2倍と焦点の間	実像	物体よりも大きい
焦点上	できない	―
焦点の内側	虚像	物体よりも大きい

実像は上下左右が反対

虚像は物体と同じ向き

物体が凸レンズに近づくと，像ができる位置は凸レンズから遠くなる。

こんな場合は

〈焦点の位置がわからない場合〉
・物体と同じ大きさの像ができた。
・凸レンズから物体までの距離と凸レンズから像までの距離が同じ。

→ 焦点距離は，凸レンズから像までの距離の$\frac{1}{2}$

遠くなると小さいね。

・・・o

入試問題にチャレンジ

答え ➡ 別冊 P.1

1 凸レンズによってできる像を調べるために，図のような光学台を準備した。次の文の(1)と(2)の（　　）に当てはまる語句として最も適当なものを，**ア**，**イ**からそれぞれ選び，記号で答えなさい。〈沖縄県〉

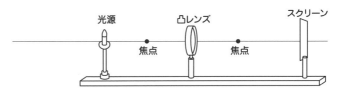

光源　　凸レンズ　　スクリーン
焦点　　　焦点

┌──┐
　図で光源の像をスクリーンにうつすときに，じゅうぶんに離れた位置から光源を焦点に近づけていくと，像の大きさはだんだん(1)（**ア** 大きく　**イ** 小さく）なり，像がはっきりうつるスクリーンと凸レンズの距離は(2)（**ア** 近く　**イ** 遠く）なる。
└──┘

こう考える

凸レンズに近づくほど像は大きくなる。

(1) ☐　　(2) ☐

2 レンズのはたらきに関する実験を行った。あとの問いに答えなさい。ただし、光は、**図1**のように、凸レンズの中心を通る線上で曲がるように表すものとする。〈兵庫県〉

〈実験1〉 **図1**のように、光軸に平行に光（→）を当てると、光が点Oから14.5cm離れた点Aに集まった。

〈実験2〉 **図2**のように、光学台の上に、電球、矢印の形にあなを開けた板X、実験1の凸レンズ、スクリーンを並べた。次に、電球と凸レンズを固定し、板Xの位置を変えて、それに応じてはっきりした矢印の像ができるようにスクリーンを動かし、5か所でスクリーン上の像を調べた。下の表は、その結果をまとめたものである。

図1
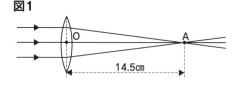

図2
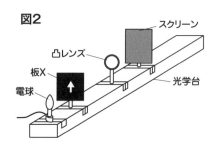

板Xと凸レンズの距離[cm]	スクリーンと凸レンズの距離[cm]	板Xの矢印と比べた像の向き	板Xの矢印と比べた像の長さ
36.0	24.3	P	Q
29.0	29.0	上下逆	同じ
22.0	41.0	R	S
14.5	スクリーン上に像はできない		
10.0	スクリーン上に像はできない		

(1) 実験2において、表のP、Q、R、Sに入る像の向きと長さの組み合わせとして適切なものを、次の**ア～エ**から1つ選び、記号で答えなさい。

ア P－上下逆　　Q－短い　　R－上下逆　　S－長い
イ P－上下逆　　Q－長い　　R－上下逆　　S－短い
ウ P－同じ　　　Q－短い　　R－同じ　　　S－長い
エ P－上下逆　　Q－長い　　R－同じ　　　S－長い

(2) 実験2の結果について説明した次の文の　①　、　②　に入る適切なことばを書きなさい。

　凸レンズと物体との距離が14.5cm より大きいとき、凸レンズと物体との距離が大きいほど、スクリーンと凸レンズの距離が　①　く、スクリーン上の像の長さが　②　くなる。一方、凸レンズと物体との距離が14.5cm より小さいとき、凸レンズを通った光は、スクリーン上に像をつくらないが、凸レンズを通して見ると像が見える。

①　　　　　　　　　　②

3 図のように，光学台の上に，電球，矢印の形の穴をあけた板，凸レンズ，スクリーンを並べ，凸レンズを固定した。板と凸レンズとの距離を 40cm，30cm，20cm，10cm のそれぞれの位置にしたときの，スクリーン上での像のでき方を調べた。表は，板と凸レンズとの距離と，はっきりした像ができたときの凸レンズとスクリーンとの距離を示したものである。次の問いに答えなさい。　　　　　〈静岡県〉

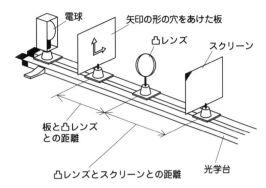

(1) 板と凸レンズとの距離を 40cm，30cm，20cm と小さくしていったとき，スクリーンを通して見える像の大きさはどのようになるか。次の**ア〜ウ**から1つ選び，記号で答えなさい。
　ア 大きくなる。
　イ 変わらない。
　ウ 小さくなる。

板と凸レンズとの距離(cm)	40	30	20	10
凸レンズとスクリーンとの距離(cm)	24	30	60	像はできない

(2) この実験に用いた凸レンズの焦点距離は何 cm か。表をもとにして答えなさい。

---

4 図のように，光源，三角形を切り抜いた黒い紙，凸レンズ，スクリーンを光学台に並べ，黒い紙から凸レンズまでの距離を 30cm，凸レンズからスクリーンまでの距離を 30cm にすると，スクリーンに三角形の像がはっきりと映った。図の凸レンズの焦点距離と，スクリーンに映った三角形の大きさについて述べたものとして，最も適切なものを，あとの**ア〜エ**から1つ選び，記号で答えなさい。　　　　　〈宮城県〉

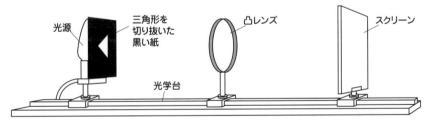

ア 焦点距離は 15cm で，スクリーンに映った三角形は黒い紙の三角形より大きい。
イ 焦点距離は 15cm で，スクリーンに映った三角形は黒い紙の三角形と同じ大きさである。
ウ 焦点距離は 30cm で，スクリーンに映った三角形は黒い紙の三角形より大きい。
エ 焦点距離は 30cm で，スクリーンに映った三角形は黒い紙の三角形と同じ大きさである。

チャレンジ　凸レンズから物体までの距離と凸レンズからスクリーンまでの距離の関係に注目しよう。

複雑だからわからない
抵抗が2つになるとややこしくてもうだめ

注目するところがわかれば攻略

▶▶▶▶ 抵抗のつなぎ方に注目！

例題

電流とそのはたらきを調べるために，電気抵抗25Ωの電熱線a，電気抵抗15Ωの電熱線bを用いて，次の実験を行った。この実験に関して，あとの(1)，(2)の問いに答えなさい。　〈新潟県〉

〈実験〉　電源装置，電熱線a，電熱線b，電流計，電圧計，スイッチを用意し，図1，2の回路をつくった。それぞれの回路のスイッチを入れたところ，電圧計はいずれも3.0Vを示した。

(1)　図1の回路の電流計は何mAを示すか，求めなさい。

(2)　図2の回路の電流計は何mAを示すか，求めなさい。

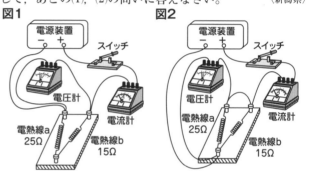

こう考える　　抵抗（電熱線）が枝分かれしているかしていないかに注目！

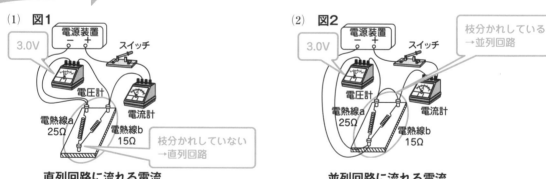

直列回路に流れる電流

⇒回路の全抵抗から考える

直列回路の全抵抗→各抵抗の和

$25 + 15 = 40〔Ω〕$

回路に流れる電流は，

$\dfrac{3.0〔V〕}{40〔Ω〕} = 0.075〔A〕 = 75〔mA〕$

オームの法則
$電流〔A〕 = \dfrac{電圧〔V〕}{抵抗〔Ω〕}$

1A = 1000mA

並列回路に流れる電流

⇒各抵抗に流れる電流から考える

電熱線 a：$\dfrac{3.0〔V〕}{25〔Ω〕} = 0.12〔A〕$

電熱線 b：$\dfrac{3.0〔V〕}{15〔Ω〕} = 0.2〔A〕$

回路に流れる電流は，

$0.12 + 0.2 = 0.32〔A〕 = 320〔mA〕$

答え　**75mA**

答え　**320mA**

は覚える 回路と電流・電圧

●直列回路

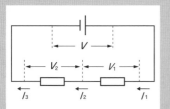

$V = V_1 + V_2$
$I_1 = I_2 = I_3$
$\begin{pmatrix} V : 電圧 \\ I : 電流 \end{pmatrix}$

●並列回路

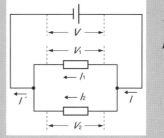

$V = V_1 = V_2$
$I = I_1 + I_2 = I'$

〈オームの法則〉

$$抵抗〔\Omega〕= \frac{電圧〔V〕}{電流〔A〕}$$ $\left(電流〔A〕= \dfrac{電圧〔V〕}{抵抗〔\Omega〕}, \quad 電圧〔V〕= 抵抗〔\Omega〕× 電流〔A〕\right)$

入試問題にチャレンジ

答え ➡ 別冊 P.2

1 抵抗の大きさがわからない電熱線 a，抵抗が 30 Ω の電熱線 b，電源装置，電圧計，電流計，スイッチを接続して，右の図のような回路をつくった。この回路のスイッチを入れたところ，電流計の示す電流の大きさが 400mA，電圧計の示す電圧の大きさが 8 V であった。

次に，抵抗が 30 Ω の電熱線 b を 80 Ω の電熱線に取りかえてスイッチを入れた。このとき，電流計の示す電流の大きさは何 mA になると考えられるか，その値を書きなさい。ただし，実験中，電源装置の電圧の大きさは変化しないものとする。〈神奈川県〉

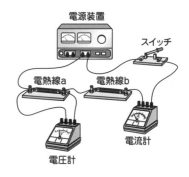

こう考える▶
回路は直列回路

2 図のように，電熱線 X と電熱線 Y，電源装置を用いて回路を作った。点 a，点 b を流れる電流の大きさを測定したところ，点 a を流れる電流は点 b を流れる電流より大きかった。この電熱線 X と電熱線 Y の抵抗の大きさの関係と，それぞれの電熱線の両端にかかる電圧の関係について述べたものを組み合わせたものとして適切なものを，次の**ア～エ**から 1 つ選び，記号で答えなさい。〈東京都〉

	電熱線 X と電熱線 Y の抵抗の大きさの関係	それぞれの電熱線の両端にかかる電圧の関係
ア	電熱線 X の抵抗は，電熱線 Y の抵抗より小さい。	電熱線 X の両端にかかる電圧は，電熱線 Y の両端にかかる電圧と等しい。
イ	電熱線 X の抵抗は，電熱線 Y の抵抗より大きい。	電熱線 X の両端にかかる電圧は，電熱線 Y の両端にかかる電圧と等しい。
ウ	電熱線 X の抵抗は，電熱線 Y の抵抗より小さい。	電熱線 X の両端にかかる電圧は，電熱線 Y の両端にかかる電圧より小さい。
エ	電熱線 X の抵抗は，電熱線 Y の抵抗より大きい。	電熱線 X の両端にかかる電圧は，電熱線 Y の両端にかかる電圧より大きい。

3 電圧と電流の関係を調べるために，次のような実験を行った。あとの問いに答えなさい。　〈宮崎県〉

〔実験〕

1. **図1**のように，抵抗器aに加わる電圧とそれを流れる電流をはかる回路をつくった。
2. 電源装置で抵抗器aに加える電圧を変化させ，そのときの電流をはかった。
3. 抵抗器aを抵抗器bに変えて，2と同様に電流をはかった。

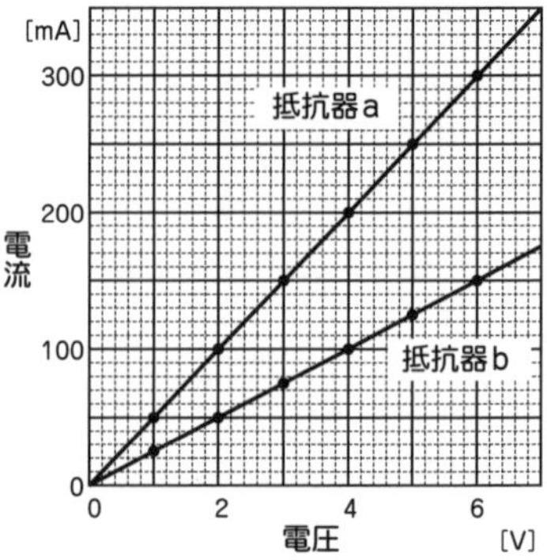

図2は，実験の結果をグラフに表したものである。

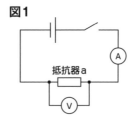
図1

図2

(1) 抵抗器aとbを**図3**のように直列につなぎ，電源の電圧を6Vにした。次の①，②の問いに答えなさい。

① 回路全体の抵抗の大きさは何Ωか，求めなさい。

② 回路全体を流れる電流は何mAか，求めなさい。

図3

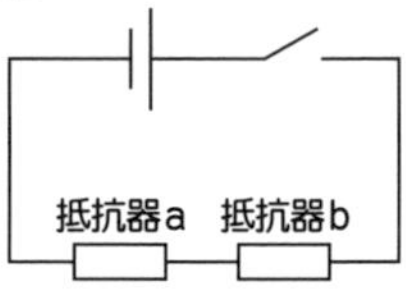

(2) 抵抗器aと抵抗の大きさがわからない抵抗器cを，**図4**のように並列につなぎ，電源の電圧を6Vにすると，回路全体を流れた電流は700mAであった。抵抗器cの抵抗の大きさは何Ωか，求めなさい。

図4

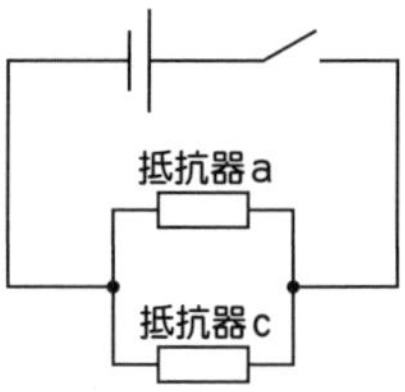

---

4 電熱線aと電熱線bを用意し，それぞれの電熱線の両端に加わる電圧とその電熱線に流れる電流の強さとの関係を調べた。**図1**は，その結果を表したグラフである。次の問いに答えなさい。　〈愛媛県〉

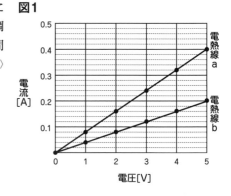
図1

(1) 電熱線aと電熱線bを直列に接続し，**図2**の回路をつくった。スイッチを入れたとき，**図2**の電流計に流れる電流の強さは0.16Aであった。このとき，**図2**の点Pと点Qの間に加わる電圧は何Vか。求めなさい。

図2

(2) 抵抗の値が分からない電熱線cを用意した。次に，電熱線aと電熱線cを並列に接続し，**図3**の回路をつくった。スイッチを入れ，電熱線aの両端に加わる電圧を5.0Vにしたとき，**図3**の電流計に流れる電流の強さは0.50Aであった。このとき用いた電熱線cの抵抗の値は何Ωか。

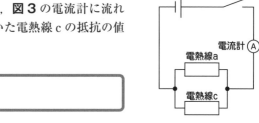

図3

5 電熱線に流れる電流と電熱線の発熱について調べるため，次の〔実験〕を行った。

〔実験〕
① **図1**のように，電源装置，電流計，電圧計，端子a, b，スイッチ，電熱線P，導線を用いて回路をつくった。

② スイッチを入れ，電圧計が0.5Vを示すように電源装置を調整した。このときの電流計が示す値を記録し，スイッチを切った。

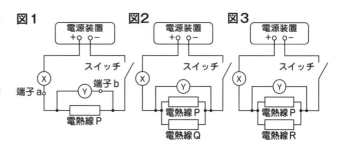

③ 電源装置を調整して電圧計が示す値を1.0V，1.5V，2.0Vに変え，それぞれの場合について，②と同じことを行った。

④ 次に，**図2**のように，電熱線Pと電熱線Qを並列に接続して回路をつくり，②と③と同じことを行った。

⑤ さらに，**図3**のように，電熱線Pと電熱線Rを並列に接続して回路をつくり，②と③と同じことを行った。

図1から**図3**までのX, Yは電流計，電圧計のいずれかである。また，**図4**は，〔実験〕で得られた結果をもとに，横軸に電圧計が示す値を，縦軸に電流計が示す値をとり，その関係をグラフに表したものである。

図5のように，電熱線Qと電熱線Rを並列にして回路をつくり，〔実験〕の②と③と同じことを行った。このとき，電圧計が示す値と電流計が示す値の関係はどのようになるか。横軸に電圧計が示す値を，縦軸に電流計が示す値をとり，その関係を表すグラフを**図6**にかきなさい。

〈愛知県〉

図4

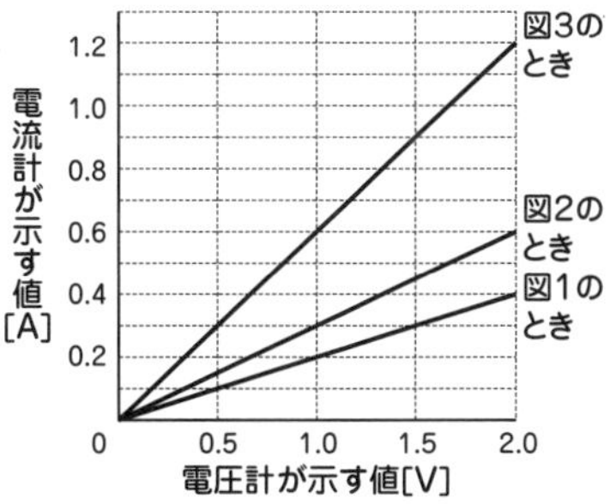

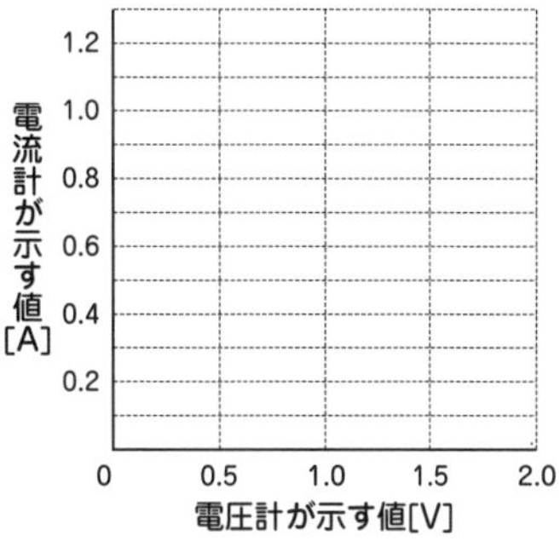

図5

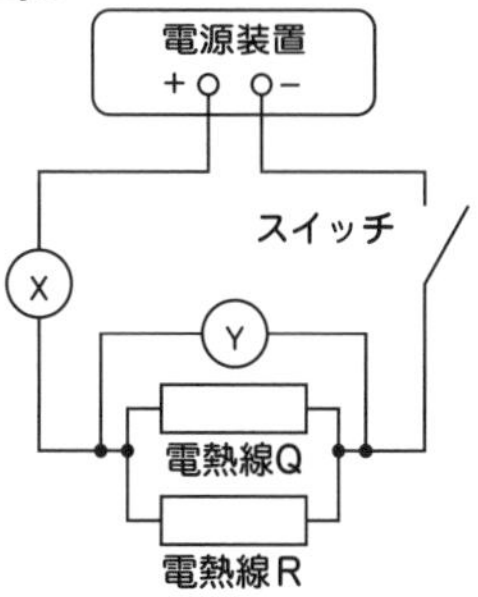

 それぞれの回路の電圧計が示す値を同じにして考えよう。

図6

＼表・グラフが出る問題がキライ／
電流が流れて水がどう温まるのかわからない

考え方を知っておけば攻略

▶▶▶▶ ## 電力がわかれば，水の温度もわかる！

例題

次の実験1，2をもとに，あとの問いに答えなさい。ただし，それぞれの実験において電熱線で発生した熱はすべて水温の上昇のみに使われるものとする。　〈長崎県〉

【実験1】　**図1**のように電熱線Aを装置につないで，電圧計の示す値が12Vになるように調節したところ，0.6Aの電流が流れて水の温度が上昇した。このときの上昇した温度と時間の関係は，**図2**のようになった。

【実験2】　**図1**の装置から電熱線Aをとりはずし，電熱線Bをつないで，実験1と同様の実験を行った。電圧計の示す値が12Vになるように調節したところ，0.4Aの電流が流れた。ただし，水の量および実験開始の温度は，実験1と同じであるとする。

実験2で，水の上昇した温度と時間との関係を表すグラフをかきなさい。

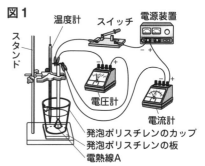

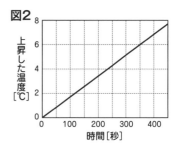

こう考える

→　電力を求めて（電力〔W〕＝電圧〔V〕×電流〔A〕），上昇した水の温度を考える。

電熱線Aの電力
⇒ 12〔V〕× 0.6〔A〕= 7.2〔W〕

電熱線Bの電力
⇒ 12〔V〕× 0.4〔A〕= 4.8〔W〕

$\frac{4.8}{7.2} = \frac{2}{3}$ より，
電熱線Bの電力は，電熱線Aの電力の $\frac{2}{3}$

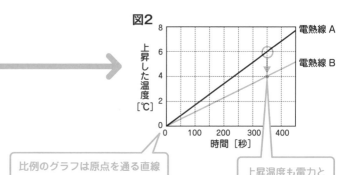

比例のグラフは原点を通る直線

上昇温度も電力と同じく $\frac{2}{3}$ になる。
$6 \times \frac{2}{3} = 4$

ココ は覚える

電力〔W〕＝電圧〔V〕×電流〔A〕

まとめ
電力と水が上昇する温度は比例する

1 電圧や電流の大きさと発熱の関係を調べるために，次の実験を行った。

① 図のように，電源装置と電熱線，電圧計，電流計をつなぎ回路を組み立てた。発泡ポリスチレンのコップに15℃の水160gを入れ，しばらくたってから水温をはかった。電熱線にかける電圧を2Vにし，水をガラス棒でゆっくりかき混ぜながら，電熱線に流れる電流の大きさと，7分後の水温をはかった。

② 電熱線にかける電圧を4V，6V，8Vにかえ，①と同様に，電熱線に流れる電流の大きさと，7分後の水温をはかった。表は，①，②の結果をまとめたものである。

電圧[V]	2	4	6	8
電流[A]	0.4	0.8	1.2	1.6
7分後の水の上昇温度[℃]	0.5	2.0	4.5	(a)

表の空欄(a)に当てはまる数値を求めなさい。ただし，コップと外部との熱の出入りはなく，電熱線で発生した熱はすべて水に移るものとする。

〈大分県〉

こう考える▶

水の上昇温度と電力は比例する！

2 電熱線の発熱について調べるために，抵抗が4Ωの電熱線A，抵抗が2Ωの電熱線Bを用いて，次の実験(1), (2)を順に行った。このとき，電圧計が6Vを示すように電源装置を調整して実験を行った。

実験(1) くみおきした水100gを熱を伝えにくい容器に入れた。図1のように，回路に接続した電熱線Aを水の中に入れ，電流を流した。ガラス棒で静かにかき混ぜながら，2分ごとに10分間，水の温度を測定した。

実験(2) 実験(1)で，10分後の水の上昇温度は12℃であった。また，このときの測定結果から，電流を流しはじめてからの時間と水の上昇温度との関係をグラフに表すと図2のようになった。

実験(1)で，電熱線Aのかわりに電熱線Bを用いて同様の実験を行ったとする。このときの電流を流しはじめてからの時間と水の上昇温度との関係を表すグラフをかきなさい。

〈栃木県〉

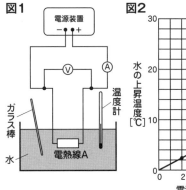

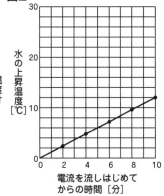

 比例のグラフは，直線が通る1点がわかればかけるよ。

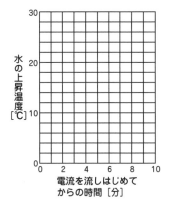

まぎらわしいのでニガテ

検流計の針の動きがわからない

かいてみれば攻略

▶▶▶▶ 磁石の「極」と「動き」の 2つを見る！

例 題

図のように手でコイルを固定して，棒磁石を矢印の方向に動かす
実験を行ったところ，検流計の針が左側に振れた。図の検流計の
場合と，同じ向きに針が振れるものを，次の**ア～オ**からすべて選
び，記号で答えなさい。 〈島根県〉

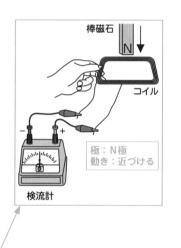

棒磁石
コイル

極：N極
動き：近づける

検流計

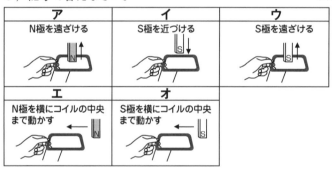

ア	イ	ウ
N極を遠ざける	S極を近づける	S極を遠ざける
エ	オ	
N極を横にコイルの中央まで動かす	S極を横にコイルの中央まで動かす	

こう考える ▶ 磁石の「極」と「動き」について，それぞれ図のものと同じか逆かをまとめる。

ア
N極を遠ざける

イ
S極を近づける

ウ
S極を遠ざける

エ
N極を横にコイルの中央まで動かす

オ
S極を横にコイルの中央まで動かす

問題の図の「極」，「動き」と**ア～オ**をそれぞれ比べると…

極 ：同じ	極 ：逆	極 ：逆	極 ：同じ	極 ：逆
動き：逆	動き：同じ	動き：逆	動き：同じ	動き：同じ
逆は1つ	逆は1つ	逆は2つ	逆はなし	逆は1つ

逆1つなら針の振れる向きは逆！逆なしか逆2つなら同じ振れ方になる！

➡ **ウ，エ**

答え ウ，エ

あわせて覚える

〈検流計の針の振れの大きさ〉
磁石の動きがはやい→振れが大きい

まとめ

・「極と動きが2つとも同じ」か「2つとも逆」
⇒針の振れる向きが同じになる
・極か動きのうち「どちらか1つが逆」
⇒針の振れる向きが逆になる

1 図のように，コイルと検流計をつないだ実験装置をつくり，固定したコイルにN極を下にした棒磁石を上から入れると，電流が流れ検流計の針が左に振れた。図と同じ実験装置と棒磁石を用いて，棒磁石やコイルを動かしたとき，電流が流れ検流計の針が左に振れるのはどの場合か，次の**ア〜エ**からすべて選び，記号で答えなさい。 〈三重県〉

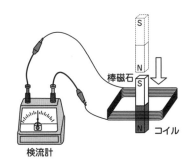

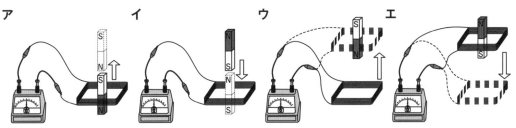

ア	イ	ウ	エ
固定したコイルからN極を下にした棒磁石を上に出す。	固定したコイルにS極を下にした棒磁石を上から入れる。	N極を下にして固定した棒磁石にコイルを下から近づける。	S極を下にして固定した棒磁石からコイルを下に遠ざける。

こう考える
磁石の極，コイルや磁石の動きに注目する。

2 図のように，コイルと発光ダイオードをつなぎ，矢印の向きに棒磁石のN極をコイルに近づけると発光ダイオードが点灯した。発光ダイオードは，長い足の端子に＋極を，短い足の端子に−極をつないで電圧を加えると点灯し，逆向きにつないで電圧を加えても点灯しない性質がある。図の棒磁石のN極とS極を反対向きにし，次の**ア〜エ**のように棒磁石を動かす向きや発光ダイオードのつなぎ方を変えた場合，発光ダイオードが点灯するものを次の**ア〜エ**から2つ選び，記号で答えなさい。ただし，矢印の向きは棒磁石を動かす向きとする。 〈山口県〉

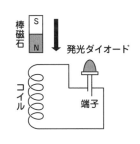

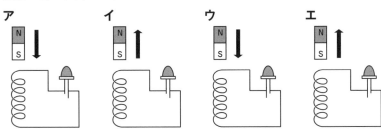

チャレンジ 検流計の針の振れは，何によって向きが変わるのかを考えよう。

21

数字・計算がキライ

浮力の大きさが求められない

注目するところがわかれば攻略

▶▶▶▶ **水中での重さに注目！**

例 題

ニュートン。力の単位。

図1のような，重さ30 **N**の直方体の物体がある。この物体を面Bが下になるように糸をつなぎ，ばねばかりにつるした。**図2**のように，面Bを水面から30cmの深さまで5cmごとに沈めながら，ばねばかりの示す値を測定したところ，**図3**のグラフが得られた。面Bの沈んだ深さが10cmのとき，物体にはたらく浮力の大きさは何Nですか。

〈栃木県〉

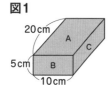

図1

図2

図3

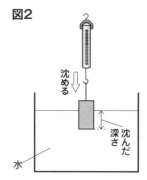

こう考える ▶ 空気中でのばねばかりの示した値と，水中でのばねばかりの示した値の差を求める。

①空気中でのばねばかりの示した値を読みとる

　　面Bの沈んだ深さが0cmのとき

　⇒　30 N

②水中でのばねばかりの示した値を読みとる

　　面Bの沈んだ深さが10cmのとき

　⇒　25 N

水中に沈んでいる部分の体積によって，浮力の大きさは変わる

③　①と②の差が浮力の大きさ

　　30 − 25 ＝ 5〔N〕

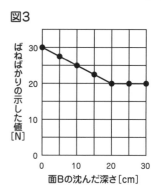

答 え **5 N**

まとめ

浮力の大きさ〔N〕＝
空気中でのばねばかりの示した値−水中でのばねばかりの示した値

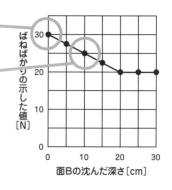

浮力は，
引き算だけで
いいんだよ。

1 図のように，ばねばかりに100gの物体をつるして水中に入れたら，ばねばかりの目もりは0.60 Nを示した。このとき，物体にはたらいている浮力の大きさは何Nか，書きなさい。ただし，100gの物体にはたらく重力の大きさを1 Nとする。また，糸の重さは考えないものとする。　〈千葉県〉

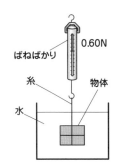

こう考える▶

空気中でのばねばかりの値は1 N。

2 **図1**のように，おもりYをばねばかり（ニュートンばかり）に取り付け空中で静止させると，ばねばかりの針は7 Nを示した。このおもりを**図2**のように水中に入れ静止させると，ばねばかりの針は5 Nを示した。**図2**のとき，おもりYにはたらいている重力および浮力の大きさは，それぞれ何Nか，求めなさい。ただし，水中に入れたとき，おもりY以外の浮力は考えないものとする。　〈長崎県〉

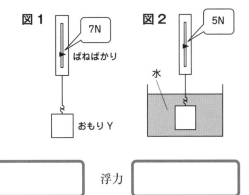

重力 ☐　　浮力 ☐

3 **図1**のように，異なる金属でできた体積が等しい物体A，Bと，Bと同じ金属で，体積が2倍の物体Cを用意した。物体A〜Cに細くて軽い糸をつけ，**図2**のように，空気中と水中で，それぞれの重さをニュートンばかりで測定し，その結果を下表にまとめた。　〈岩手県〉

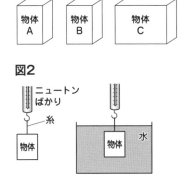

物　体	A	B	C
空気中での重さ〔N〕	8.5	2.9	5.8
水中での重さ　〔N〕	7.4	1.8	3.6

(1) 物体Aにはたらく浮力の大きさは何Nですか。

(2) 浮力の大きさについてどのようなことがわかるか。次の**ア〜エ**のうちから最も適当なものを1つ選び，記号で答えなさい。ただし，物体の体積は空気中でも，水中でも変わらないものとする。

ア 体積には無関係で，空気中での重さが小さいほど浮力は大きい。

イ 体積には無関係で，空気中での重さが大きいほど浮力は大きい。

ウ 空気中での重さには無関係で，体積が小さいほど浮力は大きい。

エ 空気中での重さには無関係で，体積が大きいほど浮力は大きい。

4 物体にはたらく浮力を調べるため，質量250gの直方体の物体Aと質量300gの円柱の物体B，ばねばかり，水の入った水槽を用いて，次の①，②の実験を行った。これについて，あとの問いに答えなさい。ただし，実験において，100gの物体にはたらく重力を1Nとし，物体をつなぐ金具と糸の重さや体積は考えないものとする。

〈三重県〉

① 図1のように，物体Bをばねばかりにつるし，物体Bの底面を水面と平行にして水中にゆっくり沈めながら，水面から物体底面までの距離とばねばかりの示す値との関係を調べた。図2は，水面から物体底面までの距離とばねばかりの示す値との関係をグラフに表したものである。なお，水面から物体底面までの距離が5.0cmから8.0cmのとき，ばねばかりの示す値は2.0Nであった。

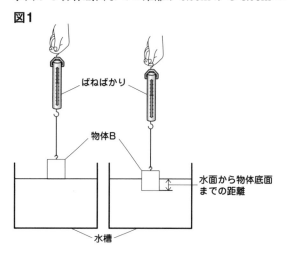

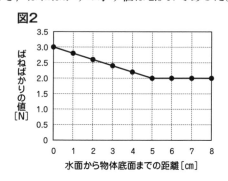

② 物体Aと物体Bをつなぎ，水の入った水槽に入れ，つないだ物体が浮くか沈むかを調べた。このとき，図3のように，つないだ物体が浮かび，静止した。

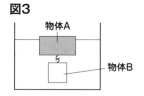

(1) 実験①の結果から，水面から物体底面までの距離と浮力との関係を図4にグラフで表しなさい。

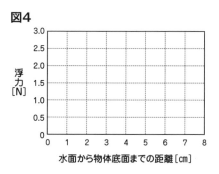

(2) 実験②について，図3のように，つないだ物体が浮かび，静止したときの物体Aにはたらく浮力の大きさは何Nか，求めなさい。

5 水の中ではたらく力について調べるために次の実験を行った。(1)，(2)の各問いに答えなさい。ただし，糸の重さは考えないものとする。 〈佐賀県〉

【実験】
① 図1の物体を，図2のような向きでばねばかりにつるしたところ，ばねばかりの目もりの値は 2.4 N であった。

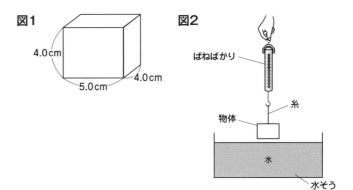

図1

図2

② ①でばねばかりにつるした物体を，図3のように水そうに入れ，水面から物体の底面までの距離が 5.0cm になるまで 1.0cm ずつ沈めていき，そのときのばねばかりの目もりの値を調べた。下の表は，その結果を示したものである。

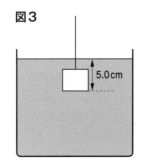

図3

水面から物体の底面までの距離〔cm〕	0	1.0	2.0	3.0	4.0	5.0
ばねばかりの目もりの値〔N〕	2.4	2.2	2.0	1.8	1.6	a

(1) 実験の②で，水面から物体の底面までの距離が 4.0cm のときについて，次の(i)，(ii)の問いに答えなさい。

(i) 物体にはたらく重力の大きさは何Nか，書きなさい。

(ii) 物体にはたらく浮力の大きさは何Nか，書きなさい。

(2) 実験の②で，表の a にあてはまる数値を予想して，水面から物体の底面までの距離とばねばかりの目もりの値との関係をグラフにかきなさい。

 物体が水中に完全に沈んだときのばねばかりの目もりの値を考えよう。

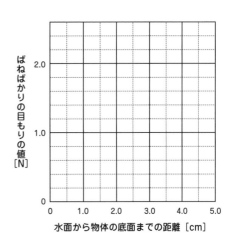

25

目に見えないのでわからない
力が合わさったり，分かれたりするのがいやだ

かいてみれば攻略

▶▶▶▶ # とにかく平行四辺形をつくる！

例題

図1のように，点Oの真下で，基準面より15cm高い位置にくぎを固定し，点Oに固定した糸A に300gの鉄球をとりつけた。さらに，糸Aがたるまないように糸Bを引き，基準面より10cm高 い位置で鉄球を静止させた後，静かに糸Bをはなした。図2は，鉄球を基準面より10cm高い位 置で静止させたときの鉄球にはたらく力を表そうとしたものである。鉄球にはたらく重力を2本 の糸の方向に分解して，糸Bが鉄球を引く力の大きさを求めなさい。ただし，100gの物体にはたらく重力の大きさを1Nとする。〈徳島県〉

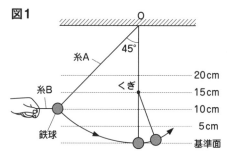

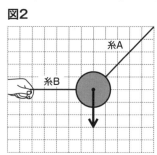

こう考える ▶ 分解したい力が対角線となるように平行四辺形をつくり，求めたい力を考える。

①鉄球の重力を2つの力に分けて，
平行四辺形をつくる。

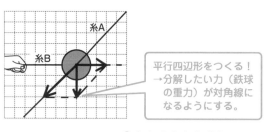

平行四辺形をつくる！
→分解したい力（鉄球の重力）が対角線になるようにする。

③糸を引く力を考える。

つり合っている
→力の大きさが同じ

②力の目もりを読みとる。

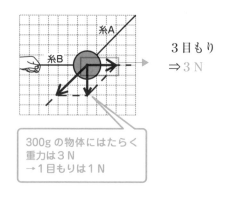

3目もり
⇒3N

300gの物体にはたらく重力は3N
→1目もりは1N

鉄球は静止している。
⇒分力と糸を引く力はつり合っている。
　したがって，3N

答え　3N

＜力の合成＞
向きのちがう2力 F_1, F_2 の合力 F は,
2力を2辺とする平行四辺形の対角線になる。

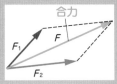

＜力の分解＞
分解する力 F を対角線とする平行四辺形の
2辺が分力 F_1, F_2 になる。

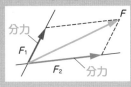

入試問題にチャレンジ

答え ➡ 別冊 P.8

1 ばねの先端に2本の糸を取りつけ，それぞれのばねばかりとつないで，図のように2方向に引いた。このときの，ばねを引く力の一方を F_1，もう一方を F_2 として，それぞれの力を矢印で表した。F_1 の力と F_2 の力との合力の大きさは何Nになるか求めなさい。なお，方眼は1目盛りが0.1 Nを表す。〈埼玉県〉

平行四辺形をつくり，F_1 と F_2 を合わせた力（合力）を考える。

2 図1のように，水の入ったペットボトルを天井から糸でつり下げ，糸上の点Pからばねばかりを水平に保って静止させたところ，ばねばかりは7.0 Nを示した。これについて，次の問いに答えなさい。ただし，糸の伸び縮みと重さは考えないものとする。〈熊本県〉

図 1

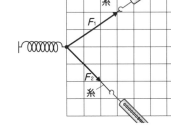

(1) ばねばかりが糸を引く力，糸がペットボトルを引く力を図2の点Pから矢印でかきなさい。

(2) 水とペットボトルの重さの合計は何Nか，求めなさい。

図 2

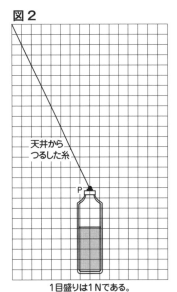

1目盛りは1Nである。

チャレンジ ペットボトルの重さは，何とつり合っているのかを考えよう。

27

数字・計算がキライ

台車とテープが出てくるといやだ

注目するところがわかれば攻略

▶▶▶▶ テープの長さだけを見る！

例 題

図1のようになめらかな水平面上に台車を置き，この台車を手でおし動かしてはなした。このときの台車の運動の様子を，$\frac{1}{60}$ 秒ごとに打点する記録タイマーを用いて調べた。この実験で紙テープに記録された打点を6打点ごとに区切り，区切った各区間を図2のようにA〜Hとした。表は，各区間における紙テープの長さを表したものである。区間Bにおける台車の平均の速さは何 cm/s ですか。〈愛媛県〉

図1

なめらかな水平面
台車　記録タイマー　紙テープ

図2
6.8cm
紙テープ

A B C D E F G H

区　間	A	B	C	D	E	F	G	H
紙テープの長さ〔cm〕	3.2	6.8	10.4	14.0	14.0	14.0	14.0	14.0

こう考える

問われた区間のテープの長さだけを見て，平均の速さを求める。
⇒区間Bの長さだけを見る。

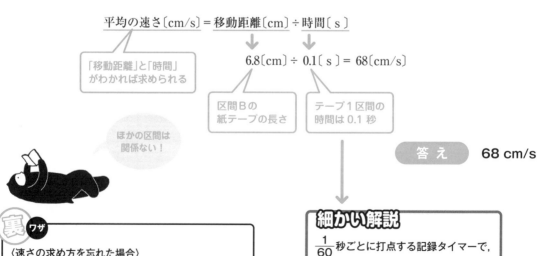

平均の速さ〔cm/s〕＝移動距離〔cm〕÷時間〔s〕

「移動距離」と「時間」がわかれば求められる

$6.8〔cm〕 ÷ 0.1〔s〕 = 68〔cm/s〕$

区間Bの紙テープの長さ

テープ1区間の時間は 0.1 秒

ほかの区間は関係ない！

答え　　**68 cm/s**

裏ワザ

〈速さの求め方を忘れた場合〉
テープ1区間の時間が 0.1 秒だから，
1秒あたりに進む距離を求めるには，
「0.1 でわる」のは「10 をかける」のと同じこと。
迷ったら，区間の長さを 10 倍すれば答えが出るよ。

細かい解説

$\frac{1}{60}$ 秒ごとに打点する記録タイマーで，
6打点ごとに区切っているので，
テープ1区間の時間は
$\frac{1}{60} × 6 = \frac{1}{10}〔秒〕$

1 斜面上の物体の運動を調べるために，**図1**のように板と木片を使って斜面をつくり，その斜面上に1秒間に60回打点する記録タイマーを固定した。次に，テープを台車につけ，斜面上で静かに手をはなし，台車の運

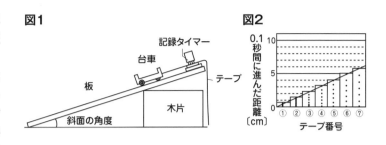

図1
記録タイマー
台車
板
斜面の角度
木片
テープ

図2
0.1秒間に進んだ距離〔cm〕
テープ番号

動を記録タイマーでテープに記録した。**図2**は，このとき得られたテープを，打点がはっきりわかるある打点から6打点ごとに切り，テープ①〜⑦とし，時間の経過とともに順にはり付け，各テープの先端の中央を通る直線を引いたものである。**図2**のテープ⑤の区間における台車の平均の速さは何cm/sか。ただし，空気の抵抗，台車と斜面との間にはたらく摩擦，テープと記録タイマーとの間の摩擦は考えないものとする。 〈高知県〉

こう考える

テープの長さを考える。

2 **図1**のように，台車に紙テープをつけ，斜面に置いた。台車を手でポンとおし，台車が手からはなれた後の斜面を上るときの運動を，

図1
記録タイマー
台車
紙テープ

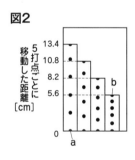

図2
5打点ごとに移動した距離〔cm〕
13.4
10.8
8.2
5.6
a
b
0

$\frac{1}{50}$秒間隔で点を打つ記録タイマーを用いて紙テープに記録した。**図2**は，記録された紙テープを5打点ごとに切って台紙にはり，5打点ごとに移動した距離を示したものである。この実験で，**図2**で示した打点aが記録されてから打点bが記録されるまでの，台車の平均の速さを求めなさい。 〈群馬県〉

3 **図1**のように，水平な台の上に板で斜面をつくり，1秒間に50打点する記録タイマーを固定し，台車が斜面を下るときの運動を記録タイマーでテープに記録したところ，**図2**のようになった。このテープの打点がはっきりと分離できる適当な点をA点とし，A点から5打点ごとにB点，C点，D点とし，BC間とCD間の長さを比べるとBC間の方が3.4cm短かった。BC間の平均の速さが64cm/sであるとき，CD間の平均の速さは何cm/sであると考えられるか。その値を書きなさい。 〈神奈川県〉

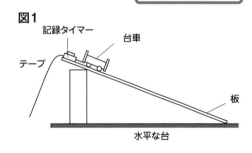

図1
記録タイマー
台車
テープ
板
水平な台

図2

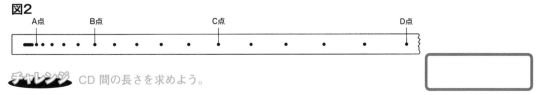

A点　B点　C点　D点

チャレンジ CD間の長さを求めよう。

仕事ができない

考え方を知っておけば攻略

▶▶▶▶ **物体の高さと質量がわかれば十分！**

例題

図のように，質量20gの滑車を2つ使い，おもりを引き上げるための装置を組み立て，ひもの先を，たるまないように，床に固定したモーターを使った装置の回転軸にとりつけた。モーターを動かして，モーターを使った装置の回転軸にひもを巻き取り，質量400gのおもりを床から垂直に10cmの高さに引き上げた。このときの仕事率は0.3Wであった。このとき，おもりを引き上げるのにかかった時間は何秒か求めなさい。ただし，ひもの重さと，ひもと滑車の間の摩擦はないものとし，100gの物体にはたらく重力の大きさを1Nとする。

〈埼玉県〉

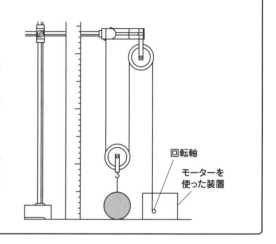

回転軸
モーターを
使った装置

こう考える ▶ 「物体の高さ」と「質量」を考えて，公式にあてはめる。

①仕事を「物体の高さ」と「質量」から考える

物体の高さ→ 10cm だから 0.1 m

質量→おもり：400gだからおもりにはたらく重力は 4 N

　　　動滑車：20gだから動滑車にはたらく重力は 0.2 N

　　　4 + 0.2 = 4.2〔N〕

仕事は，4.2〔N〕× 0.1〔m〕= 0.42〔J〕

> 仕事〔J〕＝力の大きさ〔N〕×力の向きに動いた距離〔m〕

②仕事率を求める公式は，

$$仕事率〔W〕＝\frac{仕事〔J〕}{仕事にかかった時間〔s〕}$$

$$0.3〔W〕＝\frac{0.42〔J〕}{仕事にかかった時間〔s〕}$$

$$仕事にかかった時間〔s〕＝\frac{0.42〔J〕}{0.3〔W〕}$$

$$= 1.4〔s〕$$

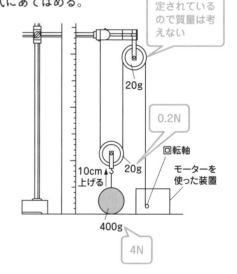

定滑車は，固定されているので質量は考えない

20g

0.2N

回転軸

10cm
上げる　　20g

モーターを
使った装置

400g

4N

答え 　**1.4 秒**

あわせて覚える

〈動滑車〉

ひもを引く力 ⇒ $\frac{1}{2}$

ひもを引く長さ ⇒ 2倍

仕事はキライ

入試問題にチャレンジ

答え ➡ 別冊 P.10

1 動滑車と定滑車を用いて，物体を引き上げたときの仕事の大きさ
と仕事率について調べるために，次のような実験を行った。

〔実験〕右の図のように，一端を天井に固定したひもAを，床に
置いた物体を取りつけた動滑車と天井に固定した定滑車にか
け，ひもBをつけたばねばかりに取りつけた。ひもBの一端を
手でゆっくりと下向きに引くと，物体は床から上がり始めた。
物体が上がり始めてから，1秒間あたりにひもBを引く距離を
同じにしながら，3秒間かけて物体を30cm引き上げた。

物体を引き上げているとき，ばねばかりは2.5Nを示していた。

〔実験〕で使用した物体の質量は何gか。また，〔実験〕で物体を引
き上げたときの仕事率は何Wと考えられるか。物体の質量と仕事
率の組み合わせとして最も適するものを次の**ア**〜**エ**から1つ選び，記号で答えなさい。ただし，〔実
験〕で使用したひもは伸び縮みしないものとし，ひも，ばねばかり，滑車の質量，ひもと滑車の間
の摩擦は考えないものとする。また，質量100gの物体にはたらく重力の大きさを1Nとする。

〈神奈川県〉

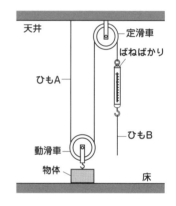

こう考える▶

物体の高さと質量から
仕事を考える。

ア	物体の質量：250g	仕事率：0.5W
イ	物体の質量：250g	仕事率：4.5W
ウ	物体の質量：500g	仕事率：0.5W
エ	物体の質量：500g	仕事率：4.5W

2 図のように，質量500gの物体をばねばかりにとりつけ，
摩擦力のはたらかないなめらかな斜面にそって，ばね
ばかりの目盛りが一定になるように力を加え，A点に
置いた物体を高さ10cmのB点までゆっくりと一定の
速さで引き上げた。物体を引き上げているとき，ばね
ばかりの値は2Nであった。このとき，AB間の距離
は何cmか，求めなさい。ただし，100gの物体にはた
らく重力の大きさを1Nとする。

〈山梨県〉

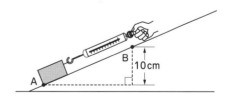

 仕事〔J〕＝力の大きさ〔N〕×力の向きに動いた距離〔m〕

公式が覚えられない
密度はむずかしいからキライ

考え方を知っておけば攻略

▶▶▶▶ **単位を見れば解決！**

例題

同じ金属でできている球を5個用意した。この金属球1個の質量は15.8gである。いま，100cm³のメスシリンダーに水を50cm³入れ，5個の金属球をすべて入れ，水平な台の上に置いた。液面と同じ高さで見たところ，水の液面は，右の図のように見えた。このことから，この金属の密度はいくらになると考えられるか。次の**ア**〜**エ**から1つ選び，記号で答えなさい。　〈神奈川県〉

ア　1.6g/cm³　　**イ**　2.7g/cm³　　**ウ**　7.9g/cm³　　**エ**　19.3g/cm³

こう考える　問題文や選択肢中にある「単位」から密度を求める公式がわかる！

①球の体積を求める。　60.0cm³

球1個の体積は，
$$\frac{10(cm^3)}{5} = 2(cm^3)$$

水の体積が50cm³
球5個の体積は10cm³

②選択肢にある単位を見る。

密度の単位は「g/cm³」

「/」の前が分子　後が分母

$$\Rightarrow \frac{g}{cm^3}\ \substack{質量 \\ 体積} \Rightarrow \frac{15.8(g)}{2(cm^3)} = 7.9(g/cm^3)$$

答え　**ウ**

密度を求める公式は，覚えなくても大丈夫。

細かい解説

増加した分が球5個分の体積になる。
増加した体積は，60.0 − 50 = 10(cm³)

裏 ワザ

〈密度を求めずに，同じ密度の物質を探す方法〉

物質の体積と質量との関係を表した次のようなグラフでは，同じ直線上にある物質は密度が同じである。

⇒BとC，DとEはそれぞれ密度が同じ

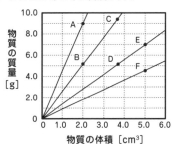

まとめ

密度を求める公式がわからなくても，問題文中にある単位を見れば求めることができる。
密度の単位は「g/cm³」

$$\frac{物質の質量(g)}{物質の体積(cm^3)}$$

入試問題にチャレンジ

答え ➡ 別冊 P.10

1 物質の密度を調べるために，液体Xの体積と質量を測定した。右の表は，その結果を表したものである。液体Xの密度は何 g/cm³ か，求めなさい。　〈愛媛県〉

〔1気圧，20℃での値〕

	体積〔cm³〕	質量〔g〕
液体X	50	40

こう考える
> 密度の単位から公式がわかる。

2 純粋な物質でできた金属Xの密度を調べるために，次の実験を行った。

<実験>　操作①　水平な台の上に置いた電子てんびんで，金属Xの質量をはかる。

操作②　水平な台の上に置いた 100cm³ 用のメスシリンダーに適量の水を入れ，水の体積をはかる。

操作③　操作②で水を入れたメスシリンダーに，糸でつるした金属Xを水中に完全につかるよう静かに入れ，上昇した水面の目盛りを読みとり，金属Xの体積を求める。

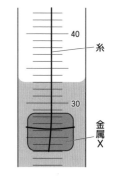

操作①において，金属Xの質量は 8.07g であり，操作②において，水の体積は 30.0cm³ であった。操作③において，金属Xを入れた後，メスシリンダーの中の水面付近を真横から見ると，右の図のようになっていた。金属Xの体積として，最も適当なものを，次の**ア**〜**エ**から1つ選び，記号で答えなさい。また，金属Xの密度は何 g/cm³ か，小数第2位を四捨五入し，小数第1位まで求めなさい。ただし，糸の体積は考えないものとする。〈京都府〉

ア　3.0cm³　　**イ**　4.0cm³　　**ウ**　33.0cm³　　**エ**　34.0cm³

体積 ⬜　　密度 ⬜

3 大きさや形が異なる6つの固体P〜Uの中に，同じ物質の固体が含まれているかどうかを調べるため，それぞれの質量と体積を測定したところ，結果は右の図のようになった。なお，6つの固体P〜Uは，純粋な物質である。次の問いに答えなさい。

〈北海道〉

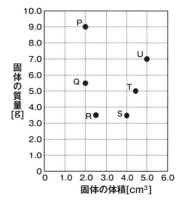

(1)　次の文の　①　，　②　それぞれにあてはまるものとして，最も適当なものを，P〜Uの記号で答えなさい。

> 図から，6つの固体P〜Uの中に，同じ物質の固体が2つ含まれていることがわかり，同じ物質の固体は　①　と　②　である。

①⬜　　②⬜

(2)　図から，P〜Uの中に，密度が 4.5g/cm³ の固体が含まれていることがわかる。この固体はどれか，P〜Uの記号で答えなさい。

チャレンジ　原点を通る直線を引いてみよう。

⬜

\表・グラフが出る問題がキライ/
出てくる結晶の量がわからない

注目するところがわかれば攻略

▶▶▶▶ 手がかりはグラフにあり！

例題

右の図は，硝酸カリウムと塩化ナトリウムについて，100gの水にとける最大の質量と水溶液の温度との関係を表したものである。100gの水を入れたビーカーに，硝酸カリウム80gを入れ，60℃に保ったところ，すべての固体がとけた。この水溶液の温度を40℃まで冷やすと，硝酸カリウムが，固体となって出てきた。次の問いに答えなさい。　〈徳島県〉

(1)　この水溶液の温度を40℃まで冷やしたときに，固体となって出てきた硝酸カリウムは何gか，求めなさい。

(2)　この実験のように，水溶液の温度を下げて水溶液から再び固体をとり出す方法は，塩化ナトリウムには適さない。その理由は何か，答えなさい。

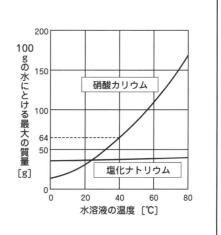

こう考える ▶ 「温度」→「溶解度」の順にグラフを見る。

(1)　①冷やした**温度**の溶解度を見る。

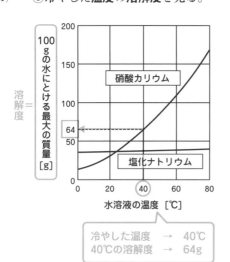

> 冷やした温度　→　40℃
> 40℃の溶解度　→　64g

②「とかした質量−40℃の溶解度」を計算する。

> とけきれずに出てきた結晶の質量

$$80 - 64 = 16〔g〕$$

> とかした質量　　40℃でとける最大の質量（溶解度）

40℃では，64gまでしかとけないので，
$80 - 64 = 16〔g〕$ の硝酸カリウムがとけきれずに出てくる。

答え　　16g

こんな場合は

<水の質量が 100g でないとき>
・水の質量が 200g ⇒溶解度は「×2」する。
<結晶が出たときの温度がわからないとき>
・「溶解度」→「温度」の順にグラフを見る。

(2)　高い**温度**と低い**温度**での**溶解度**を見る。

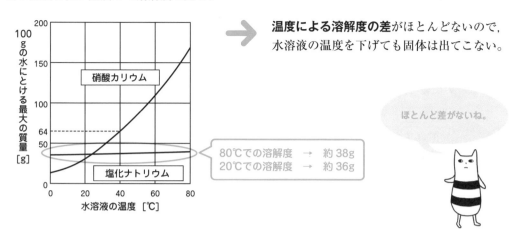

➡ **温度による溶解度の差**がほとんどないので，水溶液の温度を下げても固体は出てこない。

ほとんど差がないね。

80℃での溶解度　→　約38g
20℃での溶解度　→　約36g

答　え　溶解度が温度によってあまり変化しないから。

入試問題にチャレンジ

答え ➡ 別冊 P.11

1 右の図は，ミョウバンの溶解度の温度変化を表したものである。60℃の水100gにミョウバンをとかしてつくった飽和水溶液を40℃まで冷やしたところ，とけきれずに現れたミョウバンをとり出すことができた。図から，とけきれずに現れたミョウバンの質量は何gか。最も近いものを，次の**ア～エ**から1つ選び，記号で答えなさい。　〈佐賀県〉

ア　15g　　　**イ**　25g
ウ　35g　　　**エ**　45g

こう考える
60℃の溶解度と40℃の溶解度を見る。

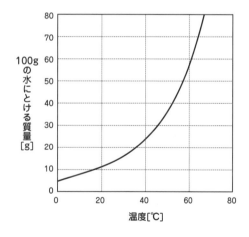

2 右の図は，物質**ア**，**イ**，**ウ**，**エ**の溶解度曲線である。80℃の水100gでつくったそれぞれの飽和水溶液を40℃まで冷却したとき，最も多く結晶をとり出すことができる物質はどれか，図の**ア～エ**から1つ選び，記号で答えなさい。　〈島根県〉

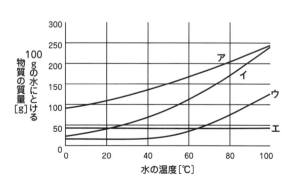

3 物質が水にとける様子について調べるために，次の実験を行った。あとの問いに答えなさい。

〈和歌山県〉

<実験1>　100gの水を入れた2つのビーカーに，それぞれ硝酸カリウムと塩化ナトリウムをとかして飽和水溶液をつくった。このとき，水の温度と100gの水にとける物質の質量との関係を調べ，次の表とグラフにまとめた。

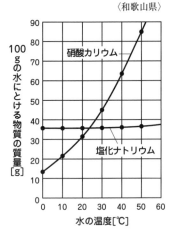

温度〔℃〕	0	10	20	30	40	50
硝酸カリウム　〔g〕	13.3	22.0	31.6	45.5	63.9	85.2
塩化ナトリウム〔g〕	35.7	35.7	35.8	36.0	36.3	36.7

<実験2>　40℃の水200gを入れた2つのビーカーに，それぞれ硝酸カリウムと塩化ナトリウムを60gずつ入れて完全にとかした水溶液をつくった。その後，2つの水溶液をそれぞれ10℃までゆっくり冷却すると，硝酸カリウムは固体としてとり出すことができたが，塩化ナトリウムは固体としてとり出すことができなかった。

(1)　10℃まで冷却することでとり出すことができた硝酸カリウムの固体の質量は何gか，表を参考にして求めなさい。

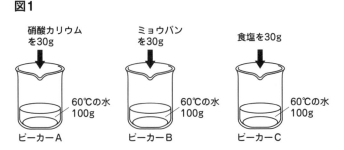

こう考える▶

水の質量が「200g」であることに注意する。

(2)　実験2の塩化ナトリウム水溶液から固体をとり出すにはどのような方法があるか，簡単に答えなさい。

4 次の実験を行った。

<実験>

1．図1のように，60℃の水100gを入れたビーカーA～Cを用意し，Aには硝酸カリウムを30g，Bにはミョウバンを30g，Cには食塩を30g加え，それぞれすべてとかして水溶液をつくった。

2．A～Cの水溶液の温度をゆっくり10℃まで下げて，とけていた物質が固体として出てくるかを調べたところ，AとBの水溶液からは固体が出てきたが，Cの水溶液からは出てこなかった。

図1

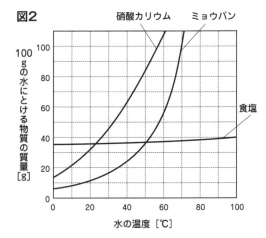

図2は，硝酸カリウム，ミョウバン，食塩について，水の温度と100gの水にとける物質の質量との関係をグラフに表したものである。次の文の
｛　　｝(1)，(2)にあてはまるものを，それぞれ**ア〜ウ**から1つ選び，記号で答えなさい。　〈北海道〉

実験の1で，ビーカーA〜Cに入れる60℃の水を200gに，加える物質の質量を50gにそれぞれ変えて，水溶液をつくった。これら3つの水溶液の温度を下げていくとき，最も高い温度で水溶液から固体が出てくるのは(1)｛**ア** ビーカーA　**イ** ビーカーB　**ウ** ビーカーC｝である。また，水溶液の温度が10℃になったとき，とけている物質の質量が最も大きいのは(2)｛**ア** ビーカーA　**イ** ビーカーB　**ウ** ビーカーC｝の水溶液である。

(1) ☐　　(2) ☐

5 次の表は，0℃，10℃，20℃，30℃，40℃，50℃における物質A，Bの溶解度を示したものである。ただし，溶解度は100gの水にとける物質の質量を表す。また，図はこの表をもとに，物質Aの溶解度の温度による変化を表したグラフである。あとの問いに答えなさい。　　〈山梨県〉

	0℃	10℃	20℃	30℃	40℃	50℃
物質A〔g〕	13.3	22.0	31.6	45.6	63.9	85.2
物質B〔g〕	35.7	35.7	35.8	36.1	36.3	36.7

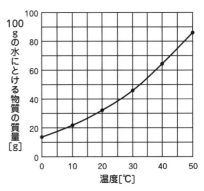

(1) ビーカーに40℃の水50gをとり，物質Aを20g入れてかき混ぜ，物質Aがすべてとけたことを確認した。その後，水溶液を冷やすと結晶が現れはじめた。このときの温度は何℃か，整数で答えなさい。

☐

(2) ビーカーに水100gをとり，物質Aを60g入れ，ガスバーナーで加熱し，物質Aをすべてとかした。このとき，しばらく加熱を続けたため，水の一部が蒸発している様子が確認できた。加熱をやめ，しばらく放置したところ，40℃で結晶が現れはじめた。蒸発した水はおよそ何gと考えられるか，次の**ア**〜**エ**から最も適当なものを1つ選び，記号で答えなさい。ただし，計算には表の値を使いなさい。

ア 3g　　**イ** 4g　　**ウ** 5g　　**エ** 6g

☐

 40℃で物質Aが最大60gとける水の質量は何gか考えよう。

(3) 水溶液の温度を下げて結晶をとり出す場合，物質Bは物質Aに比べて結晶をとり出しにくい。物質Bが結晶をとり出しにくいのはなぜか。その理由を「温度」という語句を使って簡単に書きなさい。

☐

＼複雑だからわからない／
発生する気体が何かわからない

これだけ覚えれば攻略

▶▶▶▶ フレーズで覚えてしまえ！

例題

炭酸水素ナトリウムを加熱したときに起こる化学変化について調べるために，次の実験を行った。
＜実験＞
　操作1．乾いた試験管Aに炭酸水素ナトリウムを入れ，図のような装置を組み立てた。

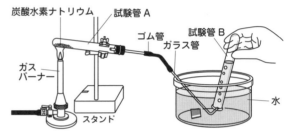

　操作2．炭酸水素ナトリウムをガスバーナーで加熱し，発生した気体を試験管Bに集め，ゴム栓をした。
　操作3．十分に加熱し，炭酸水素ナトリウムが完全に反応して気体が発生しなくなったところで，ガラス管を水からとり出し，加熱をやめた。
　操作4．発生した気体を集めた試験管Bに石灰水を入れてよく振り混ぜたところ，<u>石灰水が白くにごった。</u>
　操作5．水へのとけ方を比べるために，炭酸水素ナトリウムと加熱後の試験管Aに残った固体をそれぞれ別の試験管に同量とり，同じ体積の水を加えてよく振り混ぜた。
操作4の下線部から，試験管Bに集めた気体は何と考えられるか，その化学式を答えなさい。〈島根県〉

こう考える 発生する気体を問う問題は，キーフレーズに注目すれば簡単に解ける！

 は覚える 発生する気体とその性質

・火のついた 線香 を入れると，線香が炎を上げて激しく燃える。⇒ 線香 ときたら→ 酸素 (O_2)
・ マッチ の火を近づけると，ポッと音をたてて気体が燃える。⇒ マッチ ときたら→ 水素 (H_2)
・ 石灰水 を入れてよく振ると，石灰水が白くにごる。　　⇒ 石灰水 ときたら→ 二酸化炭素 (CO_2)

①石灰水ときたら　→二酸化炭素！
②二酸化炭素の化学式は　→CO_2

文全体を覚えなくても，
「線香→酸素」「マッチ→水素」「石灰水→二酸化炭素」
の部分だけ覚えればいいよ。

答え CO_2

入試問題にチャレンジ

答え ➡ 別冊 P.13

1 酸化銅と炭素粉末を混ぜて加熱したときの変化を調べるため，次の実験を行った。

＜実験＞

① 酸化銅 4.00g と炭素粉末 0.15g をはかり，よく混ぜて試験管Aに入れた。

② 図のように，酸化銅と炭素粉末の混合物を加熱していくと，気体が発生し，試験管Bに入っていた石灰水が白くにごった。

③ 気体が発生しなくなったところで，ガラス管を石灰水の入った試験管Bからとり出し，加熱するのをやめた。しばらくして，ピンチコックでゴム管を閉じ，試験管Aに空気が入らないようにした。

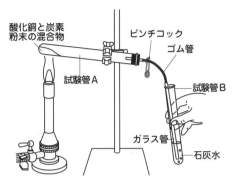

実験の②で発生した気体は何か。化学式を書きなさい。　　　　　　　　〈千葉県〉

> **こう考える**
>
> 石灰水ときたら…

2 水に電気を通したときに出てくる物質を確かめるために，うすい水酸化ナトリウム水溶液を用いて，実験1，2を行った。あとの問いに答えなさい。　　　　　　　　〈岐阜県〉

＜実験1＞　右の図のように，H形ガラス管の中に，5.0％のうすい水酸化ナトリウム水溶液を入れ，電極A，Bに電源装置をつないで電気を通したところ，電極Aから気体X，電極Bから気体Yがそれぞれ発生した。

＜実験2＞　気体が集まったら電源を切り，ゴム管を閉じて，気体の性質を調べた。気体Xに火のついたマッチを近づけると，音をたてて気体Xが燃えた。次に，気体Yに火のついた線香を入れると，線香が激しく燃えた。

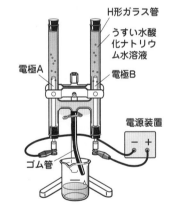

(1) 実験2の結果から，気体Xは何とわかるか。気体名を答えなさい。

(2) 気体Yと同じ気体を発生させる方法を，次の**ア〜エ**から1つ選び，記号で答えなさい。

　ア 石灰石にうすい塩酸を加える。

　イ 亜鉛にうすい塩酸を加える。

　ウ 塩化アンモニウムと水酸化カルシウムを混ぜ合わせて加熱する。

　エ 二酸化マンガンにうすい過酸化水素水（オキシドール）を加える。

> **チャレンジ**　気体の発生方法を考えよう。

化学反応式が書けない

これだけ覚えれば攻略

▶▶▶ 考えずに覚えてしまえ！

例 題

図のような，ゴム管と点火用電極のついたじょうぶなポリエチレン袋を用意した。この袋に，水素50cm³と酸素25cm³を入れて，ゴム管をピンチコックで閉じたあと，電極から火花を散らして気体に点火すると，爆発音がして袋がしぼみ，反応後の袋の中に気体は残らず，液体の物質ができていた。この実験で起きた化学変化を，化学反応式で書きなさい。 〈宮城県〉

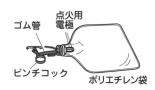

ゴム管　点火用電極

ピンチコック　ポリエチレン袋

こう考える 矢印の右側と左側で種類と数が…と考えると難しいから，
よく出るものは覚えてしまおう。

ココは覚える よく出る化学反応式

・水の電気分解（水→水素＋酸素）	…… $2H_2O \rightarrow 2H_2 + O_2$ ⎫逆の変化
・水の合成（水素＋酸素→水）	…… $2H_2 + O_2 \rightarrow 2H_2O$ ⎭
・銅と酸素の反応（銅＋酸素→酸化銅）	…… $2Cu + O_2 \rightarrow 2CuO$
・マグネシウムと酸素の反応（マグネシウム＋酸素→酸化マグネシウム）	…… $2Mg + O_2 \rightarrow 2MgO$
・鉄と硫黄の反応（鉄＋硫黄→硫化鉄）	…… $Fe + S \rightarrow FeS$
・酸化銅の炭素による還元（酸化銅＋炭素→銅＋二酸化炭素）	…… $2CuO + C \rightarrow 2Cu + CO_2$

この実験は，水素と酸素が反応して，「水の合成」が起こっている。水素＋酸素→水

たしかめよう

化学反応式の→の左側と右側で，原子の種類と数は変わらない。

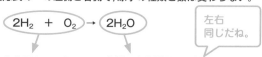

$$2H_2 + O_2 \rightarrow 2H_2O$$

左右
同じだね。

左側	水素原子	4個	右側	水素原子	4個
	酸素原子	2個		酸素原子	2個

答え $2H_2 + O_2 \rightarrow 2H_2O$

入試問題にチャレンジ

答え ➡ 別冊 P.13

1 水の電気分解を化学反応式で表しなさい。 〈山形県〉

こう考える▶

覚えておこう！

2 銅を加熱したときの化学変化を化学反応式で表しなさい。 〈富山県〉

3 マグネシウムの粉末をステンレス皿全体にうすく広げ，ガスバーナーで加熱して燃焼させた。マグネシウムが燃焼したときの化学変化を化学反応式で表しなさい。 〈福井県〉

4 鉄粉と硫黄の混合物を加熱したときに起こる化学変化を化学反応式で表しなさい。 〈千葉県〉

5 酸化銅と炭素の粉末をよく混ぜ合わせて試験管に入れ，熱した。このときの化学変化を化学反応式で表しなさい。 〈福井県〉

チャレンジ 酸化銅と炭素の混合物を熱して，何ができたか考えよう。

考えなくていいよ。
覚えちゃえ！

41

表・グラフが出る問題がキライ

気体の発生量のグラフがかけない

考え方を知っておけば攻略

▶▶▶▶ 平らな部分だけを移動させる！

例題

塩酸とマグネシウムの反応について調べるため，次の〔実験〕を行った。

〔実験〕
① 図1のような装置で，30cm³ のうすい塩酸と 0.1g のマグネシウムリボンを反応させ，発生した気体をメスシリンダーに集めて体積を測定した。
② 次に，①と同じ濃度の塩酸 30cm³ を用いて，マグネシウムリボンの質量を 0.2g，0.3g，0.4g，0.5g，0.6g，0.7g に変え，それぞれについて①と同じことを行った。

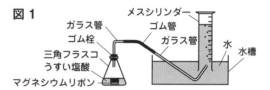

図1

表は，〔実験〕の結果をまとめたものであり，図2は，この結果を用いて，横軸にマグネシウムリボンの質量を，縦軸に発生した気体の体積をとり，その関係をグラフに表したものである。

うすい塩酸の体積〔cm³〕	30	30	30	30	30	30	30
マグネシウムリボンの質量〔g〕	0.1	0.2	0.3	0.4	0.5	0.6	0.7
発生した気体の体積〔cm³〕	100	200	300	400	500	500	500

〔実験〕で用いた塩酸の濃度を半分にして，マグネシウムリボンの質量をさまざまに変えて〔実験〕と同じことを行った。このとき，マグネシウムリボンの質量と，発生した気体の体積との関係はどのようになるか。横軸にマグネシウムリボンの質量を，縦軸に発生した気体の体積をとり，その関係を表すグラフを図3にかきなさい。ただし，濃度を半分にした塩酸の体積は，30cm³ のままとする。

〈愛知県〉

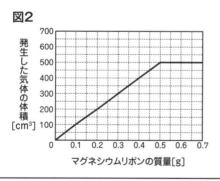

図2

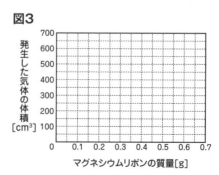

図3

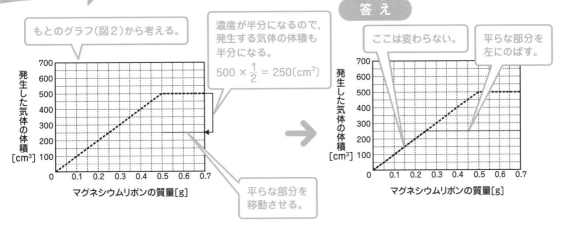

こう考える　塩酸の濃度や質量（体積）が半分になると，発生する気体の量も半分になる。

答え

もとのグラフ（図2）から考える。

濃度が半分になるので，発生する気体の体積も半分になる。
$500 \times \frac{1}{2} = 250 \text{〔cm}^3\text{〕}$

ここは変わらない。

平らな部分を左にのばす。

発生した気体の体積〔cm³〕

マグネシウムリボンの質量〔g〕

平らな部分を移動させる。

発生した気体の体積〔cm³〕

マグネシウムリボンの質量〔g〕

入試問題にチャレンジ

答え → 別冊P.14

1 5つのビーカーA～Eを用意し，それぞれにうすい塩酸40.0gを入れた。**図1**のようにして，薬包紙にのせた石灰石1.0gとビーカーAを電子てんびんにのせ，反応前の全体の質量を測定した。次に，薬包紙にのせた石灰石をビーカーAに入れた。二酸化炭素の発生がみられなくなってから，薬包紙とビーカーAを電子てん

図1

薬包紙　ビーカーA　うすい塩酸
石灰石
電子てんびん

	A	B	C	D	E
加えた石灰石の質量〔g〕	1.0	2.0	3.0	4.0	5.0
反応前の全体の質量〔g〕	107.9	108.8	109.8	111.0	111.7
反応後の全体の質量〔g〕	107.5	108.0	108.6	109.4	110.1
発生した二酸化炭素の質量〔g〕	0.4	0.8	1.2	1.6	1.6

びんにのせ，反応後の全体の質量を測定した。その後，ビーカーB～Eのそれぞれに入れる石灰石の質量を変えて，同様の実験を行った。表は，この結果をまとめたものである。**図2**は，加えた石灰石の質量と発生した二酸化炭素の質量の関係を点線(········)で示したものである。

この実験において用いた塩酸を水でうすめて質量パーセント濃度を半分にする。このうすめた塩酸を，新たに用意した5つのビーカーのそれぞれに，40.0gの半分である20.0gだけ入れる。その他の条件は同じにして同様の実験を行うと，石灰石の質量と発生した二酸化炭素の質量の関係を表すグラフはどのようになると考えられるか。**図2**に実線(——)でかきなさい。ただし，塩酸と石灰石の反応以外の反応は起こらないものとする。〈静岡県〉

図2

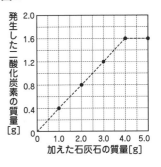

発生した二酸化炭素の質量〔g〕

加えた石灰石の質量〔g〕

こう考える

発生する気体の質量が何倍になるか考えて，グラフの平らな部分を移動させる。

チャレンジ　濃度も質量も半分になると，発生する気体の質量は何倍になるか考えよう。

表・グラフが出る問題がキライ

金属に結びつく酸素のことがわからない

これだけ覚えれば攻略

▶▶▶▶ 問題中の表やグラフは無視。
覚えてしまえ！

例題

銅と酸素が反応するときの銅と酸素の質量の関係を調べるために，**図1**のような装置を用いて，次の実験を行った。**図2**は，＜実験＞の【結果】をもとに作成したグラフである。

＜実験＞　銅の粉末0.40gを，あらかじめ質量をはかっておいたステンレス皿に入れ，空気中でじゅうぶん加熱し，粉末全体の色が変化したら加熱をやめる。ステンレス皿が冷えたら，ステンレス皿全体の質量をはかり，金属製の薬さじで粉末をよくかき混ぜてから再び加熱する。これらの操作を繰り返し，ステンレス皿全体の質量が一定になったことを確かめたのち，ステンレス皿全体の質量からステンレス皿のみの質量を引いて，加熱後にできた物質の質量を求める。
銅の粉末0.80g，1.20g，1.60gについても，それぞれ同様の操作を行い，加熱後にできた物質の質量を求める。

図1

ステンレス皿　銅の粉末

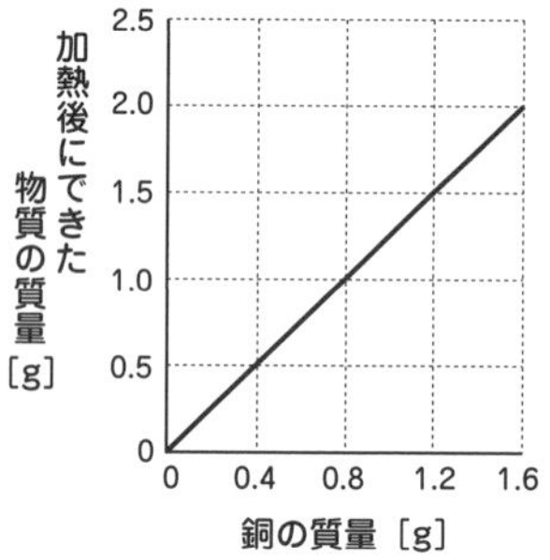

【結果】

銅の質量　　　　　　〔g〕	0.40	0.80	1.20	1.60
加熱後にできた物質の質量〔g〕	0.50	1.00	1.50	2.00

図2

加熱後にできた物質の質量〔g〕

銅の質量〔g〕

【結果】や図2から考えて，銅の質量と結びついた酸素の質量のおよその割合を，比を用いて表したものとして，最も適当なものを，次の①群**ア〜エ**から1つ選び，記号で答えなさい。また，銅の粉末2.80gと結びつく酸素の質量として，最も適当なものを，②群**カ〜ケ**から1つ選び，記号で答えなさい。ただし，銅の粉末は，すべて酸素と結びつくものとする。　　〈京都府〉

①群　**ア**　銅：酸素＝1：4
　　　イ　銅：酸素＝4：1
　　　ウ　銅：酸素＝4：5
　　　エ　銅：酸素＝5：4

②群　**カ**　0.70g
　　　キ　2.24g
　　　ク　3.50g
　　　ケ　11.20g

こう考える　「銅と酸素」「マグネシウムと酸素」の反応の問題は，比率を覚えておけばOK！

ココは覚える　金属と酸素が結びつくときの金属：酸素の質量比

銅：酸素＝4：1　　マグネシウム：酸素＝3：2

①群　銅を加熱すると酸素が結びつく。
　　　銅：酸素の比率はグラフや表から求めなくても，覚えておけば解ける！
　　　銅：酸素＝4：1

答え　**イ**

②群　結びついた酸素の質量を xg として，**銅：酸素＝4：1**を使って計算する。

$$2.80 \quad : \quad x \quad = \quad 4 : 1 \quad \longrightarrow \quad x = 0.7〔g〕$$

銅の質量　　　　　酸素の質量

答え　**カ**

もし忘れたらこう解く

銅：酸素の比を忘れたら，実験の結果から計算すればわかる。
表・グラフより，0.4 g の銅が反応して，0.5 g の酸化銅ができているので，
このとき結びついた酸素の質量を求めると，
結びついた酸素の質量＝酸化銅の質量－銅の質量より，
0.5 － 0.4 = 0.1〔g〕となる。
0.4 g の銅と，0.1 g の酸素が反応したので，
銅：酸素＝0.4：0.1 = 4：1
と求められる。

忘れたら計算
するのかぁ。

入試問題にチャレンジ

答え ➡ 別冊 P.15

1　銅を空気中で加熱し，酸素と反応してできた酸化銅の質量を調べる実験を行った。

<実験>
　1．ステンレス皿の質量をはかった後，銅の粉末0.2gをはかりとった。
　2．はかりとった銅の粉末をステンレス皿にうすく広げるように入れた。
　3．図1のように，ステンレス皿をガスバーナーで加熱した。
　4．加熱をやめ，ステンレス皿全体の質量をはかった。その後，粉末をよくかき混ぜた。
　5．3，4の操作を数回繰り返して，ステンレス皿全体の質量が増加しなくなったとき，ステンレス皿の質量を引いて，できた粉末の質量を求めた。
　6．銅の粉末の質量を変えて，同じ手順で実験を繰り返した。

図2は，このとき用いた銅の質量と，できた酸化銅の質量との関係をグラフに表したものである。ただし，この実験ではステンレス皿の質量は加熱する前後で変わらないものとする。

銅の粉末2.8gをはかりとって実験を行うと，銅には何gの酸素が結びつくか。**図2**を参考にして，次の**ア～エ**から適切なものを1つ選び，記号で答えなさい。　　　〈和歌山県〉

ア　0.7g　　　**イ**　1.4g　　　**ウ**　2.1g　　　**エ**　3.5g

図1

ステンレス皿　　銅の粉末
ガスバーナー

図2

酸化銅の質量〔g〕
銅の質量〔g〕

こう考える ▶

銅：酸素＝4：1

45

2 酸化による物質の質量変化を調べるために，次の実験を行った。

<実験>

1．ステンレス皿に銅の粉末を入れて皿全体の質量を測定した後，図のような装置で，全体の色が変化するまでよく加熱した。

2．加熱後，ステンレス皿が冷えたら，もう一度皿全体の質量を測定した。その後，金属製の薬さじでよくかき混ぜてもう一度加熱した。この操作をくり返し，質量の変化がなくなるまで行った。

3．ステンレス皿に入れる銅の粉末の質量をいろいろ変えて1，2と同様の実験を行った。

表は，その結果をまとめたものである。ただし，ステンレス皿の質量は加熱の前後で変化せず，ステンレス皿は銅と化学反応しないものとする。なお，表の結果は，ステンレス皿の質量を引いて求めたものである。

銅の粉末の質量〔g〕	0.4	0.8	1.2	1.6	2.0
生成した酸化物の質量〔g〕	0.5	1.0	1.5	2.0	2.5

表をもとに，質量1.0gの酸素と反応する銅の粉末の質量は何gか，求めなさい。　　〈大分県〉

---

3 金属が酸素と結びつくとき，「金属の質量」と「結びつく酸素の質量」との間にどのような関係があるかを調べるため，次の実験を行った。

<実験>

1．銅粉0.40gをはかりとり，図のようにして十分に加熱した。

2．生成した酸化銅の質量を求めた。

3．銅粉の質量を，それぞれ0.80g，1.20g，1.60g，2.00gにして同様の実験を行い，結果を下の表にまとめた。

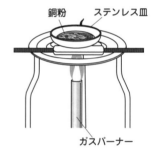

銅〔g〕	0	0.40	0.80	1.20	1.60	2.00
生成した酸化銅〔g〕	0	0.50	0.98	1.50	1.98	2.47

銅のかわりにマグネシウムを用いて実験したところ，マグネシウム0.6gに対して0.4gの酸素が結びつき，1.0gの酸化マグネシウムが生成することがわかった。同じ質量の酸素に対して，反応することができる銅とマグネシウムの質量の比はどうなるか。次の**ア～エ**のうちから最も適当なものを1つ選び，記号で答えなさい。ただし，酸素はすべて金属と結びつくものとする。　　〈千葉県〉

ア　1：2

イ　2：1

ウ　4：3

エ　8：3

こう考える▶

銅：酸素＝4：1
マグネシウム：酸素＝3：2

4 マグネシウムを加熱したときの化学変化について調べるため，次の実験を行った。

＜実験＞
① 図1のように，5個の空のステンレス皿A，B，C，D，Eを用意し，電子てんびんでそれぞれのステンレス皿の質量を測定した。
② ステンレス皿Aにマグネシウムの粉末を入れて，ステンレス皿A全体の質量を測定した。
③ 粉末をステンレス皿A全体に広げて，図2の装置で粉末が飛び散らないように3分間加熱した。
④ ステンレス皿Aを冷やしてから，ステンレス皿A全体の質量を測定した。
⑤ ステンレス皿Aの中の粉末をよくかき混ぜてから③と④を行い，④で測定した質量が一定の値になるまでこれを繰り返した。
⑥ 次に，空のステンレス皿B，C，D，Eに，質量の異なるマグネシウムの粉末をそれぞれ入れ，②から⑤までと同じことを行った。

表は，＜実験＞の結果をまとめたものである。

図1
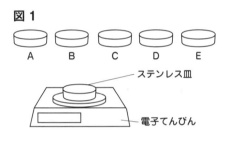

図2

ステンレス皿

ステンレス皿	A	B	C	D	E
①の空のステンレス皿の質量〔g〕	20.35	20.41	20.32	20.38	20.28
②のステンレス皿全体の質量〔g〕	20.65	21.01	21.22	21.58	21.78
⑤で質量が一定の値になったときのステンレス皿全体の質量〔g〕	20.85	21.41	21.82	22.38	22.78

＜実験＞で，ステンレス皿Cを用いて実験を行ったとき，⑤でステンレス皿C全体の質量が一定の値になるまでの間に，その質量が21.62 gのときがあった。このとき，ステンレス皿Cの中には，酸素と反応していないマグネシウムは何gあるか。最も適当なものを，次の**ア〜ク**から1つ選び，記号で答えなさい。　　　　　　　　　　　　　　　　　　　〈愛知県〉

ア 0.13g 　　**イ** 0.20g

ウ 0.27g 　　**エ** 0.30g

オ 0.40g 　　**カ** 0.57g

キ 0.60g 　　**ク** 0.63g

チャレンジ　はじめに，マグネシウムと結びついた酸素の質量を求めよう。

目に見えないのでわからない
イオンが増えたり減ったりがニガテ

考え方を知っておけば攻略

▶▶▶▶ **細かい増減は考えないでOK！**

例題

濃度の異なる塩酸と水酸化ナトリウム水溶液の中和について調べるために，次の実験1，2を行った。

実験1．いろいろな量のうすい水酸化ナトリウム水溶液に，うすい塩酸を加えて中性にする実験を行った。**図1**は，中性になったときの，うすい水酸化ナトリウム水溶液の体積とうすい塩酸の体積の関係を表したものである。

実験2．実験1で用いたうすい水酸化ナトリウム水溶液 $10.0cm^3$ をはかりとって，ビーカーに入れた。そこに，実験1と同じ濃度の塩酸を少しずつ $8.0cm^3$ まで加えた。

実験2について，この水溶液中の水酸化物イオンの数は**図2**のように変化した。ただし，塩化水素，水酸化ナトリウムおよび生じた塩は，水溶液中ですべて電離しているものとする。

塩酸を加えていくとき，この水溶液中の水素イオンの数はどのように変化するか。次の**ア～エ**から1つ選び，記号で答えなさい。〈新潟県〉

図1

図2

| **ア** | **イ** | **ウ** | **エ** |

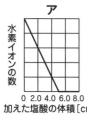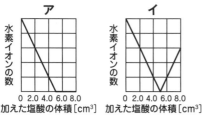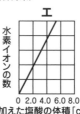

こう考える ▶ イオンの細かい増減は気にせず，
「中性では水素イオン（H^+）と水酸化物イオン（OH^-）は0（ゼロ）」と覚えよう。

① 水酸化ナトリウム水溶液に塩酸を加えるので，塩酸が $0cm^3$ のときの H^+ の数は0！

→ ② 中性のときの H^+ の数は0！
図1，図2より，塩酸が $5.0cm^3$ のときに中性。

> ウかエのどちらか。

> 塩酸が $5.0cm^3$ のときに H^+ が0なのは，ウ。

答え ウ

ここは覚える 酸・アルカリから生じるイオン

・酸性の水溶液→水素イオン（H^+）を生じる。
・アルカリ性の水溶液→水酸化物イオン（OH^-）を生じる。

> イオンの増減がわからなくても大丈夫。

1 ある液体洗浄剤の成分表を見ると，塩酸が含まれていることがわかった。このことに興味をもった里香さんは，実験を行い，中和について調べた。ただし，洗浄剤の成分のうち化学反応に関係する物質は塩酸のみとする。

<実験> ① 洗浄剤 $10cm^3$ をメスシリンダーに入れ，さらに水を加えて $50cm^3$ とした。これを5本の試験管A～Eにそれぞれ $2.0cm^3$ ずつ入れた。これらに緑色のBTB溶液を少量加えた。

② この試験管A～Eに，1.0％の水酸化ナトリウム水溶液をそれぞれ $1.0cm^3$，$2.0cm^3$，$3.0cm^3$，$4.0cm^3$，$5.0cm^3$ 加え，BTB溶液の色の変化を調べた。表は，その結果をまとめたものである。

試験管	A	B	C	D	E
水酸化ナトリウム水溶液の体積〔cm^3〕	1.0	2.0	3.0	4.0	5.0
BTB溶液の色	黄色	黄色	黄色	緑色	青色

実験で，加えた水酸化ナトリウム水溶液の体積と，試験管の中の水溶液に含まれている水酸化物イオンの数との関係をグラフに表したものとして，最も適切なものはどれか。次の**ア～エ**から1つ選び，記号で答えなさい。

〈徳島県〉

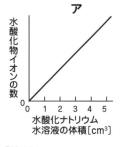 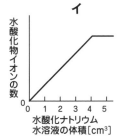 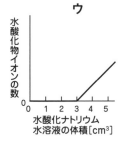 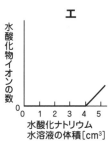

> **こう考える**
> 中性ではOH⁻は0！BTB溶液は中性のとき緑色になる！

2 酸性の温泉水とうすい水酸化ナトリウム水溶液を用いて，次の実験を行った。

<実験> 図のように，BTB溶液で色をつけた酸性の温泉水 $50cm^3$ を入れたビーカーに，うすい水酸化ナトリウム水溶液を $0.5cm^3$ ずつ加え，かきまぜたあと，溶液の色の変化の様子を観察した。

はじめは，温泉水の色は黄色で，うすい水酸化ナトリウム水溶液を $10cm^3$ 加えたところで緑色になった。さらに加えると青色になり，その後は，青色のままであった。加えた水酸化ナトリウム水溶液の体積と，溶液中の水素イオンの数の関係を表すグラフとして，最も適切なものを，次の**ア～オ**から1つ選び，記号で答えなさい。

〈山形県〉

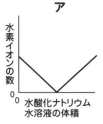 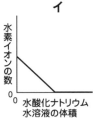 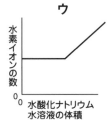 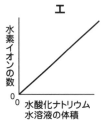 

> **チャレンジ** ちょうど中和したあとの変化を考えよう。

複雑だからわからない

光合成と呼吸の実験がむずかしい

これだけ覚えれば攻略

▶▶▶▶ 光合成は「青」，呼吸は「黄」！

例題

植物の光合成と呼吸のはたらきについて調べるため，次のような実験を行った。

【実験】

① 図のように，4本の試験管A，B，C，Dを用意し，試験管A，Bには水溶液中の二酸化炭素濃度を一定に保つために重そう(炭酸水素ナトリウム)をとかした水溶液を入れ，試験管C，Dには呼気をふきこんで緑色に調製したBTB溶液を入れた。

② すべての試験管にオオカナダモを入れてふたをした。その後，試験管A，Cには光を当て，試験管B，Dは暗室に置いて光が当たらないようにした。

③ しばらくすると，試験管A，Cでは気泡の発生が見られたが，試験管B，Dでは気泡は発生しなかった。試験管Cでは溶液の色が青色になり，試験管Dでは黄色になった。

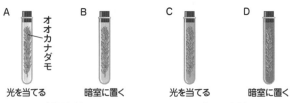

実験の結果から，試験管C，Dの中ではそれぞれどのようなことが起こっていると考えられるか。次の**ア〜エ**のうちから最も適当な組み合わせを1つ選び，その記号を書きなさい。　　〈岩手県〉

	試験管C	試験管D
ア	光合成と呼吸の両方が行われているが，呼吸の作用のほうが強い	光合成も呼吸も行われていない
イ	光合成と呼吸の両方が行われているが，呼吸の作用のほうが強い	光合成は行われておらず，呼吸だけが行われている
ウ	光合成と呼吸の両方が行われているが，光合成の作用のほうが強い	光合成も呼吸も行われていない
エ	光合成と呼吸の両方が行われているが，光合成の作用のほうが強い	光合成は行われておらず，呼吸だけが行われている

こう考える ▶ BTB溶液を使った光合成と呼吸の実験では、光合成は「青」、呼吸は「黄」と覚えておく。

試験管CとDのBTB溶液の色を見る。

青色
光を当てる

黄色
暗室に置く

光があってもなくても、呼吸はつねに行われている。

青は光合成！
黄色は呼吸！

答え **エ**

まとめ

BTB溶液が青色のときは、光合成が行われているので、水中の二酸化炭素は減っている。
BTB溶液が黄色のときは、呼吸のみが行われているので、水中の二酸化炭素は増えている。

色でわかる

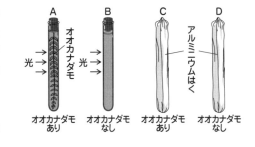

入試問題にチャレンジ

答え ➡ 別冊P.16

1 光合成と呼吸の様子を調べるために、オオカナダモを用いて次の実験を行った。なお、実験で用いたＢＴＢ溶液は、二酸化炭素を少しずつ吹き込むと青色から緑色になり、さらに吹き込むと黄色になる性質がある。

【実験】
操作1　4本の試験管Ａ〜Ｄに緑色に調整したＢＴＢ溶液を入れた。
操作2　試験管Ａ，Ｃのみにオオカナダモを入れた。そして、図のようにＡ，Ｂには強い光を当て、Ｃ，Ｄは光が当たらないようにアルミニウムはくでおおい、2時間後に試験管内の液の色を観察した。

【結果】

試験管	A	B	C	D
BTB溶液の色	青色	緑色	（　）	緑色

実験において、2時間後の試験管ＣのＢＴＢ溶液の色として最も適当なものを、次の**ア〜エ**から1つ選び、記号で答えなさい。

〈島根県〉

ア 青色　　**イ** 黄色　　**ウ** 緑色　　**エ** 無色

チャレンジ 試験管Ｃでは、どのようなはたらきが行われているかを考えよう。

数字・計算がキライ

蒸散がわからない

これだけ覚えれば攻略

▶▶▶▶ 大きい数から小さい数を引くだけ！

例題

植物の蒸散について調べるために，次の実験を行った。表は，実験の結果をまとめたものである。

【実験】 葉の枚数が同じで，葉の大きさや茎の太さがほぼ同じホウセンカを3本用意し，図のように水の入った3本のメスシリンダーA，B，Cにそれぞれさし，少量の油を注いで水面をおおった。3本のホウセンカに次の操作1〜3を行った。

操作1 メスシリンダーAのホウセンカの葉には何もしない。

操作2 メスシリンダーBのホウセンカの葉の表側全体にワセリンを塗った。

操作3 メスシリンダーCのホウセンカの葉の裏側全体にワセリンを塗った。

操作1〜3を行った後，6時間放置し，水位の変化から水の減少量を求めた。

実験の結果から，メスシリンダーAにさしたホウセンカの葉の裏側から蒸散した水の量は何cm³か求めなさい。ただし，ワセリンは水や水蒸気を全く通さないものとする。

〈高知県〉

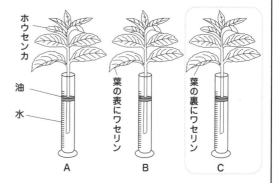

	操作1	操作2	操作3
水の減少量〔cm³〕	4.0	3.0	1.2

こう考える　葉の「裏側」からの蒸散量を聞かれているので，裏側にワセリンを塗ったホウセンカをさしたメスシリンダーC（操作3）の数字に注目する。

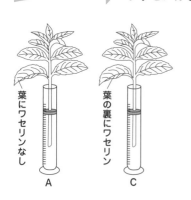

メスシリンダーA ワセリン：なし

メスシリンダーC ワセリン：裏全体

水の減少量 ＝蒸散量

	操作1	操作2	操作3
水の減少量〔cm³〕	4.0	3.0	1.2

蒸散が行われた場所…葉の表・裏，茎　　　葉の表，茎

全体の蒸散量（大きい数）−裏側にワセリンを塗ったホウセンカの蒸散量（小さい数）

葉の裏側からの蒸散量は，

4.0 − 1.2 = 2.8〔cm³〕

答え　**2.8cm³**

1 植物の蒸散について調べるため，次の実験を行った。

① 葉の数と大きさ，茎の長さと太さをそろえ，からだから蒸散する水の量が同じになるようにしたホウセンカ a，b，c と，同じ形で同じ大きさの 3 本のメスシリンダーを用意した。

② ホウセンカ a は，すべての葉の表側だけに油の一種であるワセリンをぬり，ホウセンカ b は，すべての葉の裏側だけにワセリンをぬった。また，ホウセンカ c は，ワセリンをどこにもぬらなかった。

③ 図のように，同じ量の水を入れた 3 本のメスシリンダーに，ホウセンカ a，b，c を入れて水面にそれぞれ油をたらした。その後，風通しのよい明るい場所に，3 本のメスシリンダーを同じ時間置いて水の減少量を調べた。ただし，ワセリン及び油は，水や水蒸気を通さないものとし，また，葉の表側，裏側にぬったワセリンは，ぬらなかった部分の蒸散に影響を与えないものとする。

葉の表側だけにワセリンをぬった。　葉の裏側だけにワセリンをぬった。　ワセリンをぬらなかった。

実験の③で，ホウセンカ a，b，c を入れたメスシリンダー内の水の減少量は，順に $11.0cm^3$，$5.0cm^3$，$15.0cm^3$ であった。このとき，ホウセンカ 1 本あたりの葉の裏側からの水の蒸散量は，葉の表側からの水の蒸散量の何倍か。小数第 1 位まで求めなさい。ただし，メスシリンダー内の水の減少量とホウセンカのからだから蒸散した水の量は同じであるとし，また，蒸散は葉以外の茎などからも行われるものとする。　　　　〈愛知県〉

こう考える ▶

大きい数－小さい数

2 植物の葉の表と裏，および茎からの蒸散の量について調べるために，次の実験を行った。

① ほぼ同じ大きさの葉で，枚数がそろっているアジサイの枝 A〜C を用意した。A は葉の表に，B は葉の裏にそれぞれワセリンをぬり，C には何もぬらなかった。

② 図のように，メスシリンダーに水を入れ，水中で切った A〜C の枝をそれぞれさし，最後に油を注いだ。この直後にそれぞれ水位を測定した。

③ 風通しのよい明るい場所に置き，2 時間後にそれぞれ水位を測定した。

表は，②，③の結果をまとめたものである。

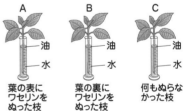

葉の表にワセリンをぬった枝　葉の裏にワセリンをぬった枝　何もぬらなかった枝

	A	B	C
水の減少量〔cm³〕	2.4	0.7	2.8

次の文は，この実験結果をもとに蒸散の量についてまとめたものである。文中の（　a　）〜（　c　）の空欄に当てはまる数値を，それぞれ求めなさい。　　　　〈大分県〉

表から，2 時間での蒸散の量は，葉の表側から（　a　）cm³，葉の裏側から（　b　）cm³，茎から（　c　）cm³ となり，葉の裏側からの蒸散の量が最も多いことがわかる。

チャレンジ 葉の裏＋葉の表＋茎＝全体で考えよう。

a ［　　　　］　　b ［　　　　］　　c ［　　　　］

複雑だからわからない

植物のなかま分けがややこしい

これだけ覚えれば攻略

▶▶▶▶ よく問われるところを覚えろ！

例題

図は植物を分類したものである。次の問いに答えなさい。〈富山県・改〉

(1) □□□ には，分類する際の手がかりになることばが入る。□□□ に入ることばを答えなさい。

(2) 図の①〜④に入る植物を，次のア〜エからそれぞれ1つずつ選び，記号で答えなさい。

ア　アサガオ　　イ　ユリ
ウ　イチョウ　　エ　スギナ

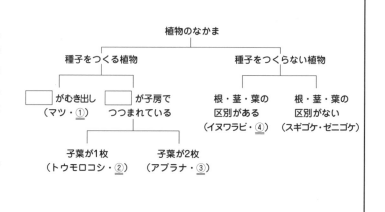

こう考える　植物の分類は，図にまとめて，よく問われるところは覚えてしまう。

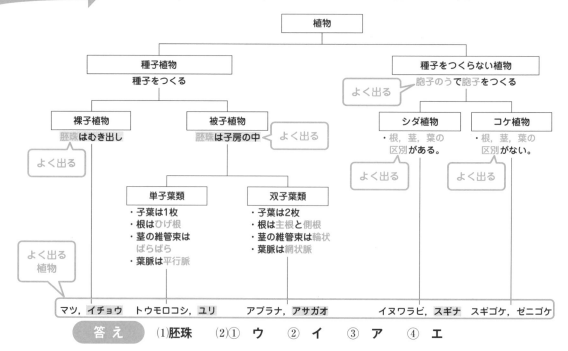

答え　(1)胚珠　(2)① ウ　② イ　③ ア　④ エ

1 植物は，なかまをふやす方法やからだのつくりの特徴をもとに，なかま分けをすることができる。ホウセンカ，イネ，マツ，スギゴケを右の図のようにそれぞれの観点でなかま分けをした。これに関して，次の問いに答えなさい。　〈香川県〉

```
                              ┌──────── ホウセンカ
                  ┌─ 根のつくり ┤
         ┌ 胚珠の ─┤            └──────── イネ
なかまを ─┤   様子               
ふやす方法 │                    ─────────── マツ
         └─────────────────────── スギゴケ
```

(1) 次の文は，このなかま分けによるホウセンカとイネの違いについて述べようとしたものである。文中の[ ]内にあてはまる最も適当なことばを答えなさい。

　　ホウセンカの根は主根と呼ばれる太い根と，そこからのびる側根と呼ばれる細い根の2種類からなる。一方，イネの根は[ ]根と呼ばれるたくさんの細い根からなる。

(2) ホウセンカ，イネ，マツは種子植物と呼ばれ，種子をつくってなかまをふやすが，スギゴケは種子をつくらない植物である。次の文は，スギゴケがなかまをふやす方法について述べようとしたものである。文中の[ ]内に共通してあてはまる最も適当なことばを答えなさい。

　　スギゴケには雄株と雌株があり，雌株には[ ]のうができる。そこでつくられる[ ]によってなかまをふやす。

> **こう考える**
> よく出る特徴を覚えておこう。

2 植物のからだのつくりを比べるために，エンドウ，ツユクサ，イヌワラビ，ゼニゴケなどの植物の特徴を調べてカードにまとめた。図は，エンドウのカードを示したものである。次の問いに答えなさい。　〈愛媛県〉

> **＜エンドウの特徴＞**
> A. からだ全体で呼吸を行っている。
> B. おしべとめしべがある。
> C. 茎の維管束は輪の形に並んでいる。
> D. 根は主根と側根からなる。

(1) 次の文の①，②の｛ ｝の中から，それぞれ適当なものを1つずつ選び，記号で答えなさい。

　　エンドウは種子をつくってふえるが，イヌワラビやゼニゴケは，胞子をつくってふえる。イヌワラビは，葉の裏側にある胞子のうで胞子をつくり，ゼニゴケは，① ｛**ア** 雄株　　**イ** 雌株｝の胞子のうで胞子をつくる。また，イヌワラビとゼニゴケのうち，根，茎，葉の区別ができるのは，② ｛**ウ** イヌワラビ　　**エ** ゼニゴケ｝である。

①[　]　②[　]

(2) 次の文の①，②に当てはまる適当なことばをそれぞれ答えなさい。

　　種子植物は，裸子植物と[①]植物に分けることができる。エンドウのめしべの根もとを観察すると，[②]が子房につつまれていることから，エンドウは，[①]植物であることが分かる。受粉後は，エンドウの[②]全体が種子になり，子房は果実になる。

①[　]　②[　]

(3) 図に示した特徴から，エンドウは双子葉類であることが分かる。エンドウには見られるが，単子葉類のツユクサには見られない特徴を図のA～Dから2つ選び，記号で答えなさい。

> **チャレンジ** いろいろな植物についても調べておこう。

[　 | 　]

複雑だからわからない
動物のからだの中は複雑すぎる

注目するところがわかれば攻略

▶▶▶▶ **器官のはたらきに注目！**

例 題

図は，ヒトの血液の循環を模式的に表したものである。矢印は，血液の流れを示している。**ア～オ**の血管のうち，尿素を最も多く含んでいる血液が流れていると考えられる血管はどれか，適するものを1つ選び，記号で答えなさい。また，その理由を答えなさい。〈茨城県〉

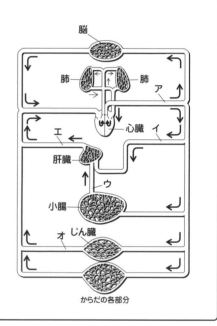

こう考える ▶ 血液に含まれているものは，器官のはたらきからわかる！

ココは覚える
尿素は肝臓でつくられて，じん臓でこし出される！

こんな場合は
・肺：とり込んだ酸素を全身に送り出し，二酸化炭素を体外に出す。
・小腸：養分を吸収する。

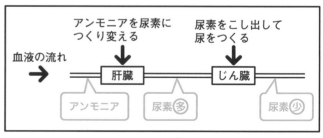

尿素が多いのは肝臓を通ったあとの血管！

答 え
記号 **エ**
理由 **尿素は肝臓でつくられるから。**

器官のはたらきがカンジン

1 図は，ヒトの血液の流れを模式的に表したものである。図の血管 A～D のうち，酸素を多く含んだ血液である動脈血が流れている 血管を 2 つ選び，記号で答えなさい。　　　　　〈徳島県〉

こう考える ▶
肺のはたらきを考える！

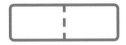

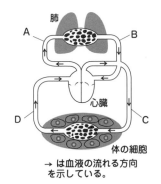

肺

A　　　　　B

心臓

D　　　　　C

体の細胞

→ は血液の流れる方向
を示している。

2 ヒトの体内でできた有害な物質を害の少ない物質に変える器官と，有害な物質の変化について述べ たものを組み合わせたものとして適切なものはどれか。次の表の**ア～エ**から 1 つ選び，記号で答え なさい。　　　　　〈東京都〉

	ヒトの体内でできた有害な物質を害の少ない物質に変える器官	有害な物質の変化
ア	じん臓	尿素がアンモニアに変わる。
イ	肝　臓	尿素がアンモニアに変わる。
ウ	じん臓	アンモニアが尿素に変わる。
エ	肝　臓	アンモニアが尿素に変わる。

3 右の図は，ヒトの体内における血液の循環の様子を模式的に示し たものである。図中の a，b，c の血管を流れる血液の特徴とし て最も適切なものを，次の**ア～カ**からそれぞれ 1 つずつ選び，記 号で答えなさい。　　　　　〈群馬県〉

ア　酸素の濃度が最も高い。
イ　酸素の濃度が最も低い。
ウ　尿素の濃度が最も高い。
エ　尿素の濃度が最も低い。
オ　養分の濃度が最も高い。
カ　養分の濃度が最も低い。

 どの器官を通ったあとの血液かを考えよう。

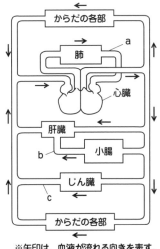

からだの各部

肺　　　　a

心臓

肝臓

b　　小腸

じん臓

c

からだの各部

※矢印は，血液が流れる向きを表す。

a 　　　　b 　　　　c

複雑だからわからない
刺激の伝わり方がわからない

注目するところがわかれば攻略

▶▶▶▶ 問題文の言い回しに注目！

例題

次のⅠ，Ⅱの文は，刺激に対する反応について述べたものであり，右の図は，ヒトの神経系を模式的に表したものである。

Ⅰ　熱いなべにうっかり手が触れたとき，思わず手を引っこめた。

Ⅱ　手が冷たくなったので，ポケットに手を入れた。

Ⅰ，Ⅱについて，それぞれ，刺激が伝わり反応が起こるまでの道すじは，図のA～Dの器官において，次のア～オのうちのどれか。最も適当なものを，それぞれ１つずつ選び，記号で答えなさい。　〈新潟県〉

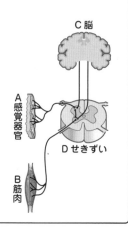

C 脳

A 感覚器官

D せきずい

B 筋肉

ア　A→D→B	イ　B→D→A	
ウ　A→D→C→D→B	エ　B→D→C→D→A	
オ　B→D→C→D→B		

こう考える ▶ 問題文の言い回しから，意識しているか無意識かを見極める！

Ⅰ　熱いなべにうっかり手が触れたとき，思わず手を引っこめた。 ◀ 「思わず」があれば反射！

→ 反射のときは脳を通らない → 刺激を受けとるのは感覚器官 → ア

「ア」か「イ」

Ⅱ　手が冷たくなったので，ポケットに手を入れた。 ◀ 意識して起こす反応

→ 意識して起こす反応のときは脳を通る → 刺激を受けとるのは感覚器官 → ウ

「ウ」か「エ」か「オ」

答え　Ⅰ ア　Ⅱ ウ

ココは覚える

意識して起こす反応…脳を通る。
感覚器官→感覚神経→せきずい→脳→せきずい→運動神経→筋肉
反射（無意識に起こる反応）…脳を通らない。
感覚器官→感覚神経→せきずい→運動神経→筋肉

こんな場合は

目や耳で刺激を受けとったときは，せきずいを通らずに脳に伝わり，脳→せきずい→運動神経→筋肉と伝わる。

1 手で熱いものに触れたとき，意識せずに，とっさに手を引っこめる。このような反応は反射とよばれる。反射において，手の皮膚で刺激を受けとってから筋肉が動くまでに，信号はどのように伝わるか。次の①～③にあてはまる語を，あとの**ア～エ**からそれぞれ1つずつ選び，記号で答えなさい。

〈山口県〉

手の皮膚 → ① → ② → ③ → 筋肉

ア 脳　**イ** せきずい　**ウ** 感覚神経　**エ** 運動神経

> こう考える▶
> 「反射」のときは脳を通らない。

①〔　　〕　②〔　　〕　③〔　　〕

2 ヒトは，熱いやかんに触れると，思わず手を引っこめる。この反応は刺激に対して無意識に起こるもので，反射という。次の**ア～エ**のうち，刺激を受けとってからこの反応が起こるまでの，信号が伝わる経路を模式的に表しているものはどれか。最も適当なものを**ア～エ**から1つ選び，記号で答えなさい。

〈香川県〉

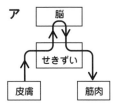
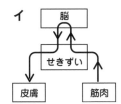

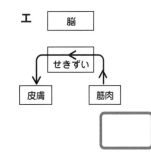

〔　　〕

3 動物は外界から刺激を受け，さまざまな反応をする。図は刺激を受け反応するまでの経路を示した模式図であり，AからFの矢印は神経を通る信号の伝わる向きを示している。次の①，②，③のヒトの反応の例で，これらの反応が起きたとき，図のどのような経路で信号が伝わったか。信号が伝わった向きの組み合わせとして，最も適切なものをあとの**ア～エ**からそれぞれ1つずつ選び，記号で答えなさい。

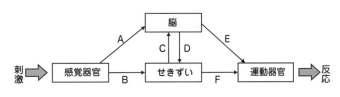

〈栃木県〉

① 熱いものに手が触れたとき，無意識に手を引っこめた。
② 靴の中に砂が入ったのを感じて，靴を脱いだ。
③ 黒板に書かれた文字を見て，ノートに書いた。

ア B－C－D－F
イ A－D－F
ウ A－E
エ B－F

> こう考える▶
> 問題文の言い回しに注目しよう！

> チャレンジ 目で受けとった刺激は，最初にどこに伝わるのかを考えよう。

①〔　　〕　②〔　　〕　③〔　　〕

複雑だからわからない

動物のなかま分けがややこしい

これだけ覚えれば攻略

▶▶▶▶ よく問われるところを覚えろ！

例題

表は，現在生息しているセキツイ動物を，ふえ方とからだのしくみの特徴で整理し，5つのなかまに分けたものである。表のB，Eにあてはまるセキツイ動物のなかまを，下の**ア〜オ**からそれぞれ選び，記号で答えなさい。

〈山口県・改〉

	なかま	A	B		C	D	E
特徴	生まれる場所	水中			陸上		
	生まれ方	卵生 （殻のない卵）			卵生 （殻のある卵）		胎生
	呼吸のしかた	えら呼吸	えら呼吸	肺呼吸	肺呼吸		

ア ハチュウ類　　**イ** 鳥類　　**ウ** ホニュウ類　　**エ** 両生類　　**オ** 魚類

こう考える ▶ セキツイ動物（背骨がある動物）の特徴は，表にまとめて，よく問われるところを覚えてしまう。

> よく出る境界線

> よく出る境界線

なかま	魚類	両生類	ハチュウ類	鳥類	ホニュウ類
子の生まれ方	卵生 （殻のない卵）		卵生 （殻のある卵）		胎生
子の生まれる場所	水中		陸上		
呼吸のしかた	えら	子：えら と皮膚 / 親：肺 と皮膚	肺		
からだの表面の様子	うろこ	しめった皮膚	うろこ	羽毛	毛
動物例	コイ フナ	カエル イモリ	ワニ カメ	ハト ペンギン	ライオン クジラ

> よく出るキーワード

> よく出る動物

あわせて覚える　無セキツイ動物

節足動物：からだが外骨格でおおわれていて，からだとあしには節がある。

軟体動物：内臓が外とう膜でつつまれていて，からだとあしに節がない。

答え　B **エ**　　E **ウ**

1 ネズミはホニュウ類，タカは鳥類に分類される。ネズミとタカに共通してみられる特徴として適切なものを，次の**ア**〜**エ**から2つ選び，記号で答えなさい。　〈静岡県〉

ア えらで呼吸する。　　**イ** 肺で呼吸する。

ウ 背骨がある。　　　　**エ** 体の表面はうろこでおおわれている。

2 家のまわりで見つけた動物を，次のように分類した。

Ⅰ 家のまわりで右の動物を見つけた。

| トカゲ | イモリ | フナ | ネズミ | スズメ |

Ⅱ 表1は，Ⅰの動物を「体表のようす」で分類し，まとめたものである。

表1

特徴	うろこ	しめった皮膚	体毛	羽毛
動物	フナ　トカゲ	イモリ	ネズミ	スズメ

Ⅲ 表2は，Ⅰの動物を「呼吸の方法」で分類し，まとめたものである。

表2

特徴	えら呼吸	子はえら・皮膚呼吸 親は肺・皮膚呼吸	肺呼吸
動物	フナ	イモリ	トカゲ　ネズミ　スズメ

> **こう考える**
> よく出る特徴を覚えておこう。

　Ⅰで見つけた動物を，「子のうみ方」で分類し，表を完成させるとどうなるか。　A　と　B　にはあてはまる特徴を，　X　と　Y　にはあてはまるすべての動物を，それぞれ書きなさい。　〈岩手県・改〉

特徴	A	B
動物	X	Y

A　　　　　　　　B

X　　　　　　　　Y

3 身近な動物である，キツネ，カニ，イカ，サケ，イモリ，サンショウウオ，マイマイ，カメ，ウサギ，アサリの10種を，二つの特徴に着目して，次のように分類した。これについて，次の各問いに答えなさい。　〈栃木県〉

[背骨の有無]

─背骨がある─	─背骨がない─
キツネ，サケ，イモリ，サンショウウオ，カメ，ウサギ	カニ，イカ，マイマイ，アサリ

[呼吸のしかた]

─（ x ）─	─（ y ）─	─（ z ）─
カニ，イカ，サケ，アサリ	キツネ，マイマイ，カメ，ウサギ	イモリ，サンショウウオ

(1) 背骨がないと分類した動物のうち，体表が節のある外骨格におおわれているものを，次の**ア**〜**エ**から1つ選び，記号で答えなさい。

ア カニ　**イ** イカ　**ウ** マイマイ　**エ** アサリ

チャレンジ 無セキツイ動物についても覚えておこう。

(2) （ z ）に入る次の説明文のうち，①，②，③にあてはまる語をそれぞれ書きなさい。

| 子はおもに　①　で呼吸し，親は　②　と　③　で呼吸する |

①　　　　　②　　　　　③

複雑だからわからない
遺伝がニガテ

かいてみれば攻略

▶▶▶▶ **組み合わせをかき出せ！**

例題

次は，メンデルが行った遺伝の実験について述べたものである。

> エンドウの種子の形には，丸い種子としわのある種子がある。メンデルは，図のように，丸い種子をつくる純系のエンドウのめしべに，しわのある種子をつくる純系のエンドウの花粉をつけた。できた種子(子)は，すべて丸い種子であった。次に，その丸い種子(子)をまいて自然の状態で育てると，種子(孫)には，丸い種子が5474個と，しわのある種子が1850個でき，その数の比はおよそ3：1になった。

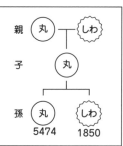

下線部の丸い種子をまいて育てたエンドウのめしべに，しわのある種子をまいて育てたエンドウの花粉をつけると，生じる丸い種子としわのある種子の数の比はどうなるか，最も簡単な整数の比で書きなさい。

〈山形県〉

こう考える ▶ 種子を丸くする遺伝子をA，種子をしわにする遺伝子をaとして組み合わせをかき出す。

①丸い種子(子)の遺伝子の組み合わせをかき出す。

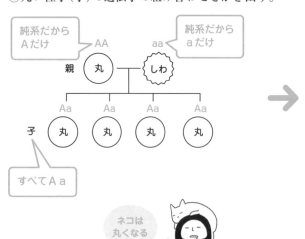

②丸い種子(Aa)としわのある種子(aa)をかけ合わせる。

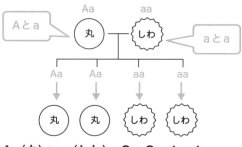

Aa(丸)：aa(しわ)＝2：2＝1：1

「丸」と「しわ」の数は同じ

ネコは
丸くなる

答え 1：1

1 右の図は，エンドウの遺伝子の伝わり方を，親Xと親Yの細胞の染色体の数をそれぞれ2本として模式的に示したものである。図中のAはエンドウの種子を丸くする遺伝子を，aはしわにする遺伝子を，それぞれ示している。親Xと親Yのかけ合わせによりできた種子は，丸の種子としわの種子の数の比がおよそいくらになると考えられるか。それを最も簡単な整数の比で書きなさい。ただし，Aはaに対して顕性とする。

〈広島県〉

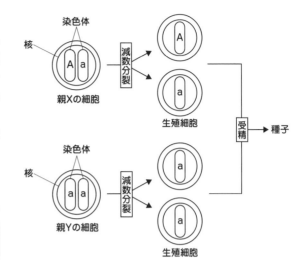

こう考える

「Aa」と「aa」の組み合わせをかき出そう。

2 エンドウの遺伝の規則性を調べるために，次の実験1，2を行った。なお，エンドウには図のような丸い種子としわのある種子がある。また，丸い種子をつくる遺伝子をA，しわのある種子をつくる遺伝子をaとし，丸い種子をつくる純系のエンドウがもつ遺伝子の組み合わせをAA，しわのある種子をつくる純系のエンドウがもつ遺伝子の組み合わせをaaで表すものとする。あとの問いに答えなさい。　　　〈奈良県〉

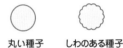

丸い種子　　しわのある種子

実験1　丸い種子をつくる純系のエンドウの花粉を，しわのある種子をつくる純系のエンドウのめしべに受粉させた。できた種子は，すべて丸い種子になった。次に，しわのある種子をつくる純系のエンドウの花粉を，丸い種子をつくる純系のエンドウのめしべに受粉させたときも，できた種子は，すべて丸い種子になった。

実験2　実験1でできた種子を育ててできたエンドウを自家受粉させると，丸い種子としわのある種子ができ，丸い種子の数としわのある種子の数との比は3：1になった。

(1) 実験2でできたしわのある種子の数が300個であったとき，実験2でできた丸い種子のうち，遺伝子の組み合わせがAaの種子の数は何個であったと考えられるか。次のア～エから最も近いものを1つ選び，記号で答えなさい。

ア 100個　　**イ** 300個　　**ウ** 600個　　**エ** 900個

(2) 実験1でできた種子を育ててできたエンドウの花粉を，しわのある種子をつくる純系のエンドウのめしべに受粉させると，丸い種子としわのある種子ができた。このときの，丸い種子の数としわのある種子の数との比を求め，最も簡単な整数で表しなさい。

3 エンドウの種子の形が子や孫にどのように遺伝するかを調べるため，次の〔観察〕を行った。あとの問いに答えなさい。 〈愛知県〉

〔観察〕

① 丸い種子をつくる純系のエンドウ（親）のめしべに，しわのある種子をつくる純系のエンドウ（親）の花粉をつけたところ，図のように，できた種子（子）はすべて丸い種子であった。

② ①の丸い種子（子）のうちの一部をまいて育て，自家受粉させたところ，できた種子（孫）では，丸い種子としわのある種子の数の比が3：1であった。

(1) エンドウの種子の形を決める遺伝子を，丸はA，しわはaという記号で表すと，丸い種子をつくる純系の親がもつ遺伝子の組み合わせはAAであり，しわのある種子をつくる純系の親がもつ遺伝子の組み合わせはaaである。〔観察〕の図の孫の種子の中には，子の種子と同じ遺伝子の組み合わせをもつ種子がある。その種子の数は，孫の種子全体の何％か。最も適当なものを，次のア～オから1つ選び，記号で答えなさい。

ア 25%　　**イ** 33%　　**ウ** 50%　　**エ** 67%　　**オ** 75%

(2) 〔観察〕の②において，孫の種子を2個選び，それぞれ種子X，種子Yとする。種子Xと種子Yをまいて育てたところ，それぞれ花が咲いた。その後，種子Xをまいて育てた花の花粉を種子Yをまいて育てた花のめしべに受粉させたところ，丸い種子としわのある種子ができた。種子X，種子Yは，それぞれどのような遺伝子の組み合わせをもつと考えられるか。種子の形を決める遺伝子の組み合わせについて説明した文として正しいものを，次のア～エから2つ選び，記号で答えなさい。

ア 一方の種子がもつ遺伝子の組み合わせは，図の丸い種子をつくる純系の親がもつ遺伝子の組み合わせと同じであり，もう一方は，図のしわのある種子をつくる純系の親がもつ遺伝子の組み合わせと同じである。

イ 一方の種子がもつ遺伝子の組み合わせは，図の丸い種子をつくる純系の親がもつ遺伝子の組み合わせと同じであり，もう一方は，図の子がもつ遺伝子の組み合わせと同じである。

ウ 一方の種子がもつ遺伝子の組み合わせは，図のしわのある種子をつくる純系の親がもつ遺伝子の組み合わせと同じであり，もう一方は，図の子がもつ遺伝子の組み合わせと同じである。

エ どちらも図の子がもつ遺伝子の組み合わせと同じである。

4 遺伝の規則性を調べるために，エンドウの種子を用いて実験を行った。あとの問いに答えなさい。ただし，エンドウの種子の形を決める遺伝子を，丸形はA，しわ形はaとし，丸形の種子をつくる純系の遺伝子の組み合わせをAAと表すものとする。また，丸形が顕性の形質である。 〈長野県〉

〔実験〕 丸形の種子の1つをX，しわ形の種子の1つをYとする。図のように，XとYを育て，Xの花粉を使ってYの花を受粉させた。<u>できた種子の形を調べると，丸形としわ形があった。</u>

丸形としわ形の種子

〔実験〕の下線部で，丸形の種子としわ形の種子が合わせて400個できたとする場合，丸形の種子は何個できたと考えられるか。最も適切なものを次のア～エから1つ選び，記号で答えなさい。

ア 100個　　**イ** 133個　　**ウ** 200個　　**エ** 300個

5 マツバボタンの花の色の遺伝について調べるため，次の観察1，2を行った。これについて，あとの(1)，(2)の問いに答えなさい。ただし，マツバボタンの花の色は，メンデルが発見した遺伝の法則にしたがって決まる。また，花の色を赤にする遺伝子をR，白にする遺伝子をrとする。〈千葉県〉

観察1　図1のように，赤い花をつける純系のマツバボタンと白い花をつける純系のマツバボタンを親としてかけ合わせた。このときできた種子をまいて育った子の代の株は，すべて赤い花をつける株であった。次に，子の代の赤い花をつける株を自家受粉させた。このときできた種子をまいて育った孫の代の株には，赤い花をつける株と白い花をつける株があった。

観察2　観察1の孫の代の赤い花をつける株の中から2株選んで，株Aと株Bとした。図2，図3のように，株Aと株Bの赤い花をそれぞれ白い花をつける株とかけ合わせた。このときできた種子をまいて育った「赤い花をつける株」と「白い花をつける株」の数は，それぞれ図中に示すとおりであった。

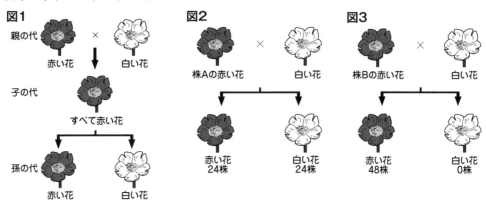

(1) 次の文章中の　a　～　c　にあてはまるものの組み合わせとして最も適当なものを，あとのア～エから1つ選び，その記号を答えなさい。

> 観察2から，株Aの遺伝子の組み合わせは　a　であり，株Bの遺伝子の組み合わせは　b　であることがわかる。
> 図1の孫の代の赤い花をつける株の中で，株Aと同じ遺伝子の組み合わせをもつ株の数は，株Bと同じ遺伝子の組み合わせをもつ株の数のおよそ　c　倍である。

ア　a：RR　　b：Rr　　c：2
イ　a：RR　　b：Rr　　c：3
ウ　a：Rr　　b：RR　　c：2
エ　a：Rr　　b：RR　　c：3

(2) 図1の孫の代の赤い花をつける株をすべて自家受粉させ，このときできた種子をすべてまいて株を育てた。1つの株からできる次の代の株の数はいつも同じだとすると，育てた株のうち，「赤い花をつける株の数」と「白い花をつける株の数」の比はおよそいくつになるか。次のア～エから最も適当なものを1つ選び，記号で答えなさい。

ア　赤い花をつける株の数：白い花をつける株の数＝3：2
イ　赤い花をつける株の数：白い花をつける株の数＝2：1
ウ　赤い花をつける株の数：白い花をつける株の数＝5：1
エ　赤い花をつける株の数：白い花をつける株の数＝7：1

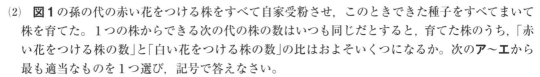
赤い花をつけるのは，「RR」「Rr」「Rr」

イメージできない
食物連鎖がわからない

注目するところがわかれば攻略

▶▶▶▶ 手がかりは問題文中にあり！

例題

右の図は，ある地域における野生生物の数量的な関係を，食物連鎖の
段階別に模式的に示したものである。Cは生産者，BはCを食べる一
次消費者，AはBを食べる二次消費者であり，生物の量はCからAに
なるほど少なくなる。これまで，この地域では，野生生物の種類に変
化はなく，その生物の量は安定しており，ほぼ一定に保たれていた。
次の□□□は，あるとき，Bの生物の量が大きく変化してから，再び全体の生物の量につりあい
がとれ，安定するまでの過程をa〜eの順に示したものである。文中の（　X　），（　Y　），
（　Z　）にあてはまるものの組み合わせとして最も適するものをあとのア〜エから1つ選び，記
号で答えなさい。ただし，この地域では，他の地域との間で野生生物の移動はまったくないもの
とする。

〈神奈川県〉

a	Bの生物の量が（　X　）した。
b	Cの生物の量が増加し，Aの生物の量が（　Y　）した。
c	Bの生物の量が（　Z　）した。
d	Cの生物の量が減少し，Aの生物の量が増加した。
e	a〜dの過程を経て，再び全体の生物の量のつりあいがとれるようになった。

ア X：減少　　Y：減少　　Z：増加　　　　**イ** X：減少　　Y：増加　　Z：減少

ウ X：増加　　Y：減少　　Z：増加　　　　**エ** X：増加　　Y：増加　　Z：減少

こう考える ▶ 問題文から，基準にするものを決め，数量関係を表したピラミッドを使って，
増加か減少かを考える。

「Bの生物の量が大きく変化してから…」　　　　➡　増減の関係は，
とあるので，Bを基準に考える。　　　　　　　　　　基準の上は同じで，基準の下は逆！

a	Bの生物の量が（　X　）した。
b	Cの生物の量が増加し，Aの生物の量が（　Y　）した。

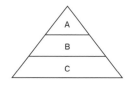

↓

基準の下のCが増加したので，
基準のBは，Cと逆の減少（X）
基準の上のAは，Bと同じ減少（Y）

c　Bの生物の量が（　Z　）した。
d　Cの生物の量が減少し，Aの生物の量が増加した。

基準の下のCが減少したので，
基準のBは，Cと逆の増加（Z）

こっちでも
OK！

基準の上のAが増加したので，
基準のBは，Aと同じ増加（Z）

答え　ア

入試問題にチャレンジ

答え ➡ 別冊 P.22

1　植物，昆虫，小形の鳥の数量的な関係は，**図1**のように，ピラミッド
　の形で表すことができる。何らかの原因で，**図2**のように，昆虫の数
　量が減少したとき，次の段階で，植物や小形の鳥の数量はそれぞれど
　のように変化するか，最も適当な組み合わせを次の**ア～エ**から1つ選
　び，記号で答えなさい。　　　　　　　　　　　　　　　　〈三重県〉

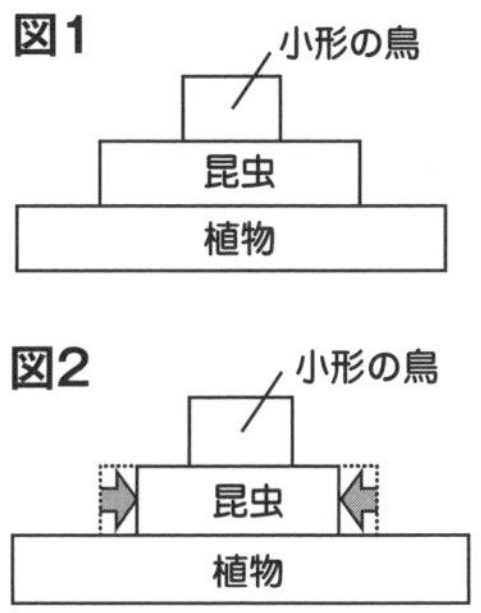

図1
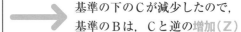

	ア	**イ**	**ウ**	**エ**
植物の数量	増加する	増加する	減少する	減少する
小形の鳥の数量	増加する	減少する	増加する	減少する

図2

こう考える▶
　昆虫を基準に考える。

2　図は，ある地域における食物連鎖の例である。図の矢印は，
　食べられるものから食べるものに向かってつけてある。こ
　の地域でウサギの数量が増えても，やがてウサギの数量はほぼ元に戻る。ウサギの数量が増加した
　後，一般的に起こる最初の変化として最も適切なものを，次の**ア～エ**から1つ選び，記号で答えな
　さい。　　　　　　　　　　　　　　　　　　　　　　　　　　　　　　　　　　　　　　〈群馬県〉

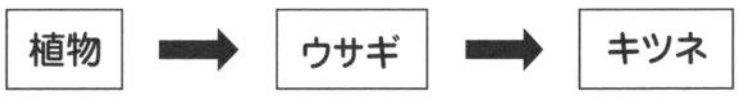

ア　植物の数量は増え，キツネの数量は減る。
イ　植物の数量は増え，キツネの数量も増える。
ウ　植物の数量は減り，キツネの数量も減る。
エ　植物の数量は減り，キツネの数量は増える。

3　動物プランクトンは植物プランクトンを食べており，池の中の生物には，
　一般に，図のような食物連鎖がみられる。図の食物連鎖により，生物の
　数のつりあいが保たれているとき，小魚を捕獲して，小魚の個体数を大
　幅に減少させたとすると，その後の植物プランクトンと動物プランクト
　ンの個体数はどのように変化すると考えられるか。次の**ア～エ**から，最
　も適切なものを1つ選び，記号で答えなさい。なお，**ア～エ**の，Pは植
　物プランクトン，Qは動物プランクトンを表すものとする。　　〈静岡県〉

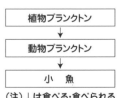

（注）↓は食べる・食べられる
　　　の関係を表し，矢印の先の
　　　生物は，矢印のもとの生物
　　　を食べる。

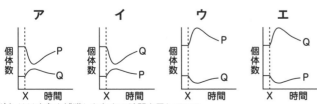

（注）Xは小魚を捕獲したときの時間を示している。

チャレンジ　小魚を基準にして順に考えてみよう。

公式が覚えられない

地震が伝わる速さが求められない

考え方を知っておけば攻略

▶▶▶ 「速さ＝$\dfrac{移動距離}{時間}$」だけでOK！

例題

ある地震について，地震のゆれの様子とそのゆれの伝わり方を調べた。図は，地点Pでの地震計の記録である。また，表は地点A〜Cについて，震源からの距離とゆれが始まった時刻をまとめたものである。

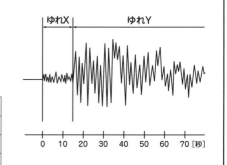

地点	A	B	C
震源からの距離〔km〕	61	140	183
ゆれ X が始まった時刻	9時59分35秒	9時59分46秒	9時59分52秒
ゆれ Y が始まった時刻	9時59分43秒	10時00分04秒	10時00分15秒

表から，この地震において，ゆれXを伝える波の速さは何km/sとわかるか。小数第2位を四捨五入して小数第1位まで書きなさい。

〈岐阜県〉

こう考える ▶ 表からゆれXの「移動距離」と移動にかかった「時間」を読みとる。

地点Aと地点Bで考える。

2地点A，Bの震源からの距離の差は，140 − 61 ＝ 79〔km〕

地点	A	B	C
震源からの距離〔km〕	61 ◀ 79km ▶ 140		183
ゆれ X が始まった時刻	9時59分35秒	9時59分46秒	9時59分52秒
ゆれ Y が始まった時刻	9時59分43秒	10時00分04秒	10時00分15秒

ゆれ X が 79km を伝わるのにかかった時間

11秒

それだけでいいんだねー。

ニャー。

↓ 速さ＝$\dfrac{移動距離}{時間}$

まとめ

「速さ」は人でも波でも求め方は同じ！

速さ＝$\dfrac{移動距離}{時間}$ で求められる。

ゆれXを伝える波の速さ＝$\dfrac{79〔km〕}{11〔s〕}$

＝ 7.18… より，7.2km/s

答え **7.2km/s**

1 図は，地震についてP波，S波が届くまでの時間と震源からの距離との関係を表したものである。S波の伝わる速さは何km/sか，図をもとに求めなさい。〈石川県〉

こう考える ▶

震源から100kmの地点にS波が届くまでの時間を読みとろう。

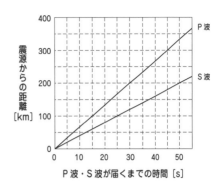

2 地下のごく浅い場所で発生した地震を，地点A，B，Cで観測した。右の表は，各地点の震源からの距離と，初期微動と主要動がそれぞ

地点	震源からの距離	初期微動が始まった時刻（P波が届いた時刻）	主要動が始まった時刻（S波が届いた時刻）
A	33.0km	8時23分14秒	8時23分18秒
B	99.0km	8時23分26秒	8時23分38秒
C	132.0km	8時23分32秒	8時23分48秒

れ始まった時刻をまとめたものである。この地震のP波の伝わる速さは何km/sか。最も適当なものを，次の**ア～オ**から1つ選び，記号で答えなさい。　〈愛知県〉

ア 3.3km/s　　**イ** 5.5km/s　　**ウ** 7.3km/s　　**エ** 8.3km/s　　**オ** 13.2km/s

3 図は，震源からの距離がそれぞれ26km，55km，82kmの3か所の観測点の地震計で同じ地震によるゆれを記録したものである。また，a，bの2つの直線は，3か所の観測点での観測記録で初期微動が始まった時刻を示した点と主要動が始まった時刻を示した点をそれぞれ結んだ直線で，震源からの距離と，P波，S波のいずれかが観測点に届いた時刻との関係をそれぞれ示している。図から2種類の地震の波が伝わる速さを求めた値のうち，S波が伝わる速さを求めた値を示したものとして適切なものを，次の**ア～エ**から1つ選び，記号で答えなさい。　〈東京都〉

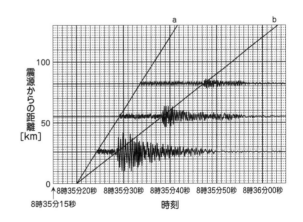

ア 1.5km/s　　**イ** 1.8km/s　　**ウ** 3.0km/s　　**エ** 6.0km/s

チャレンジ aとbのどちらがS波を表しているかを考えよう。

69

＼表・グラフが出る問題がキライ／

どこで地震が起こったのかわからない

注目するところがわかれば攻略

▶▶▶▶ **グラフにかいてある！**

例題

次の表は，静岡県東部で起きたある地震の記録を，インターネットで調べまとめたものである。また，**図1**は，A～Cのそれぞれの観測地点を模式的に表したものであり，図中の×は震源の真上の地表の点を示している。あとの問いに答えなさい。ただし，この地震によって発生した初期微動と主要動を伝える波は，それぞれ一定の速さで伝わるものとする。

図1

観測地点	A	B	C
震源からの距離〔km〕	40	120	200
初期微動が始まった時刻	15時31分50秒	15時32分00秒	15時32分10秒
主要動が始まった時刻	15時31分55秒	15時32分15秒	15時32分35秒

(1) 表をもとにして，震源からの距離と初期微動継続時間との関係を表すグラフを右にかきなさい。ただし，観測地点A，B，Cの値は•で記入すること。

(2) **図2**は，この地震におけるある地点の地震計の記録である。図中の初期微動の時間が20秒であるとき，この地点の震源からの距離は何kmか，答えなさい。 〈山梨県〉

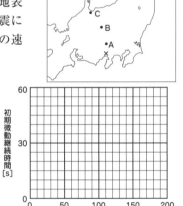

図2

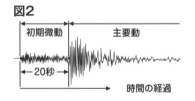

 こう考える ▶ (1)でグラフをつくり，(2)で，震源からの距離をそのグラフから求める。

(1) 初期微動継続時間を求めてグラフをかく。

観測地点	A	B	C
震源からの距離〔km〕	40	120	200
初期微動継続時間〔s〕	5	15	25

答え 比例のグラフ

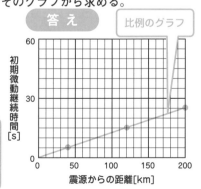

 は覚える 初期微動継続時間の求め方

「主要動（S波によるゆれ）が始まった時刻」
－「初期微動（P波によるゆれ）が始まった時刻」で求められる。

(2) 震源からの距離をグラフから読みとる。

初期微動継続時間が
20秒のとき →

グラフから読みとる
だけだから簡単！

こんな場合は
グラフから読みとれないときは,
比例を利用して計算で求める。

（グラフ：縦軸「初期微動継続時間[s]」0〜60、横軸「震源からの距離[km]」0〜200、160km）

答え 160km

入試問題にチャレンジ

答え ➡ 別冊 P.23

1 図は，ある地点で観測された地震のゆれを地震計により記録したものである。また，グラフは，この地震の2つの地震波が到達するまでの時間と震源からの距離との関係を表したものである。図の地震のゆれを観測した地点と震源との距離として最も適するものを次の**ア〜エ**から1つ選び，記号で答えなさい。〈神奈川県〉

（地震計記録：0, 25, 75 [秒]）

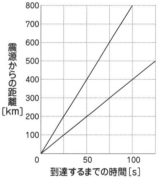

ア 100km **イ** 200km **ウ** 400km **エ** 600km

こう考える
初期微動継続時間をグラフから読みとる。

2 右の表は，ある地震で発生したP波とS波が，A〜Dの各地点に到達した時刻を表したものである。次の各問いに答えなさい。〈鳥取県〉

地点	震源からの距離	P波の到達時刻	S波の到達時刻
A	16km	10時26分52秒	10時26分54秒
B	56km	10時26分57秒	10時27分04秒
C	88km	10時27分01秒	10時27分12秒
D	128km	10時27分06秒	10時27分22秒

(1) 表の地震における震源からの距離と初期微動継続時間との関係を表すグラフを，**図1**にかきなさい。

(2) **図2**は，表の地震における，ある観測地点での地震計の記録である。この観測地点の震源からの距離は何kmと考えられるか，答えなさい。

 グラフは比例のグラフになっていることを考えよう。

図1
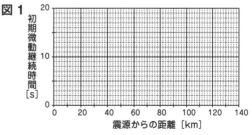
（縦軸「初期微動継続時間[s]」0〜20、横軸「震源からの距離[km]」0〜140）

図2 P波の到達 S波の到達
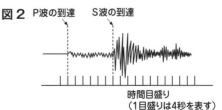
時間目盛り
（1目盛りは4秒を表す）

＼複雑だからわからない／
地層の傾きが読みとれない
注目するところがわかれば攻略
▶▶▶▶ 火山灰の層に注目！

例題

ボーリング調査をもとにして作られた柱状図を用いて，ある地域に広がっている地層について調べた。**図1**は，この地域の地形を等高線で表し，ボーリング調査が行われたA～Dの地点をかきこんだものであり，A地点はC地点の真北に，B地点はD地点の真西にある。**図2**は，A～Dのそれぞれの地点の柱状図であり，火山灰でできた層は，どれも同じ火山の同じ噴火のときにできたものである。なお，この地域の地層は，ある方角に傾いており，上下の関係の逆転やずれはなく，各層は平行に重なっている。この地域の地層は，次の**ア～エ**のうち，どの方角に低くなっていると考えられるか。1つ選び，記号で答えなさい。　〈奈良県〉

ア 東　　**イ** 西　　**ウ** 南　　**エ** 北

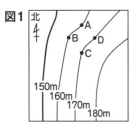

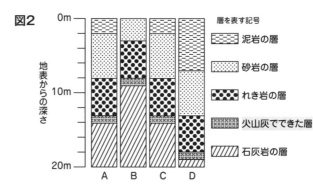

図2

層を表す記号
泥岩の層
砂岩の層
れき岩の層
火山灰でできた層
石灰岩の層

こう考える　　火山灰でできた層を比べる。

①標高が同じ地点の「火山灰でできた層」を比べる。

標高が160 mで同じ
AとBを比べると…

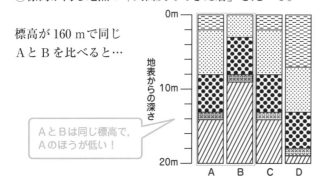

AとBは同じ標高で，
Aのほうが低い！

ココ は覚える　凝灰岩

凝灰岩とは，火山灰などがおし固められてできた堆積岩のこと。

火山灰でできた層を比べると，
Aのほうが低くなっている。

AはBの北東にあるので，
地層は北か東のほうが低くなっている。

「ア」か「エ」

②南北(または東西)方向を比べて，火山灰でできた層の上側の標高を調べる。

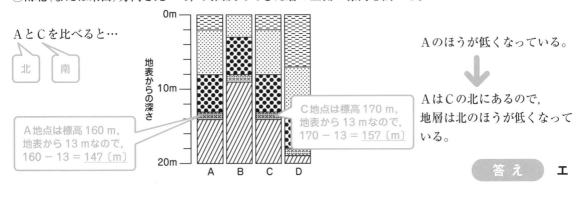

AとCを比べると…

北　南

A地点は標高160 m，
地表から13 mなので，
160 − 13 = 147〔m〕

C地点は標高170 m，
地表から13 mなので，
170 − 13 = 157〔m〕

Aのほうが低くなっている。

↓

AはCの北にあるので，
地層は北のほうが低くなって
いる。

答え　エ

入試問題にチャレンジ

答え ➡ 別冊P.24

1 図1は，ボーリング調査が行われ
たA，B，Cの3地点とその標高
を示す地図であり，図2は，各地
点の柱状図である。この地域の地
層が傾いて低くなっている方角を
次のア〜エから1つ選び，記号で
答えなさい。なお，この地域では
凝灰岩の層は1つしかない。また，
地層には上下逆転や断層はみられ
ず，各層は平行に重なっている。

ア　東　　イ　西
ウ　南　　エ　北

図1

〈栃木県〉

図2

泥岩
砂岩
れき岩
凝灰岩
石灰岩

こう考える
凝灰岩の層に注目しよう。

2 ある地域のX地点を中心に，東，西，南，北の方
位に，水平方向でそれぞれ100 mはなれた地点A
〜Dの地下の地層を調べた。図1は東西方向，図
2は南北方向の断面図を，図3は地点A〜Dの柱
状図を模式的に表したものである。ただし，この
地域には，地層が一定の傾きで連続して広がって
おり，断層もないものとする。図1，図2，図3
をもとに，この地域の地層の傾きに関する次の文
の　①　，　②　に入る適切なものを，あとの
ア〜クから1つ選び，記号で答えなさい。　〈兵庫県〉

この地域の地層は，　①　から　②　の
向きに傾いて低くなっている。

ア　西　　イ　南西　　ウ　南　　エ　南東
オ　東　　カ　北東　　キ　北　　ク　北西

チャレンジ　地点A〜Dの位置関係を整理して考えよう。

図1 標高[m]東西方向の断面図

図2 標高[m]南北方向の断面図

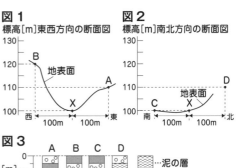

図3

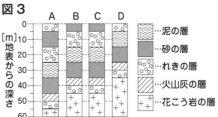

…泥の層
…砂の層
…れきの層
…火山灰の層
…花こう岩の層

① 　②

数字・計算がキライ

圧力の大きさが求められない

注目するところがわかれば攻略

▶▶▶▶ 触れている面を見る！

例題

力と圧力について，次の実験を行った。

〈実験〉 質量が 800g の直方体の物体がある。これを図のようにスポンジの上にのせてへこみの大きさを調べた。ただし，物体のどの面を下にしたときも物体がスポンジからはみ出ることはなかった。

この実験で，スポンジのへこみが最も小さいのは**ア〜ウ**のどの面を下にしたときか，記号で答えなさい。また，そのときのスポンジが物体から受ける圧力は何 Pa か答えなさい。ただし，100g の物体にはたらく重力の大きさを 1 N とし，1 Pa = 1 N /m² である。

〈富山県〉

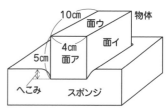

公式は単位でわかる。

こう考える ▶

①面**ア〜ウ**それぞれの面がスポンジと触れた場合を考える。

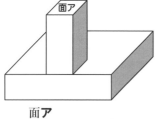

面**ア**
5 × 4 = 20〔cm²〕

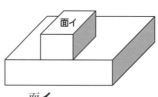

面**イ**
5 × 10 = 50〔cm²〕

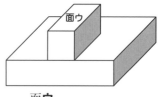

面**ウ**
10 × 4 = 40〔cm²〕

はたらく面積が大きいほど圧力は小さくなるので，スポンジのへこみが小さくなる。

→ いちばん面積が大きいのは「面**イ**」

②物体がスポンジをおす力を考える。

100g ⇒ 1 N
なので，
800g ⇒ 8 N

触れる面がちがっても，重力の大きさはつねに 8 N

③圧力〔Pa〕= 面を垂直におす力〔N〕／力がはたらく面積〔m²〕

単位に注意

1m = 100cm だから
5cm = 0.05m
10cm = 0.1m
50cm² = 0.005m²

50cm² = 0.005m²

$\dfrac{8〔N〕}{0.005〔m²〕}$ = 1600〔Pa〕

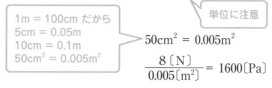

答え イ，1600Pa

は覚える 力がはたらく面積と圧力の関係／圧力を求める公式

・同じ大きさの力がはたらくとき，
　はたらく面積が小さいほど圧力は大きくなる。

・圧力〔Pa〕＝ $\dfrac{\text{面を垂直におす力〔N〕}}{\text{力がはたらく面積〔m}^2\text{〕}}$

入試問題にチャレンジ

答え ➡ 別冊 P.25

1 右の図のような質量 2 kg の直方体の物体を，A面を下にして水平な床に置くとき，床が物体から受ける圧力の大きさはいくらか，書きなさい。ただし，100g の物体にはたらく重力の大きさを 1 N とする。〈群馬県〉

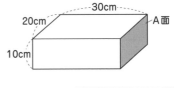

こう考える▶

A面の面積で考える。

2 図1のように，質量 2.4kg の直方体のレンガ，直方体のかたい板，直方体のスポンジを用意した。

図2のように，水平な机の上にD面を上にしたスポンジをのせ，さらにD面がすべて触れ合うように板をのせた。その上に，A面がすべて板に触れ合い，板が机に平行になるようにレンガをのせ，スポンジの高さの変化を調べた。レンガのB，C面についても同様な方法で板の上にレンガをのせ，スポンジの高さの変化を調べた。ただし，質量が 100g の物体にはたらく重力の大きさを 1 N とし，板の質量は考えないものとする。次の問いに答えなさい。〈長野県〉

図1

図2

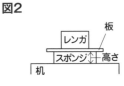

(1) スポンジの高さの変化について最も適切なものを，次の**ア～エ**から1つ選び，記号で答えなさい。
　ア　A面が板に触れ合うとき最大となる。
　イ　B面が板に触れ合うとき最大となる。
　ウ　C面が板に触れ合うとき最大となる。
　エ　板にどの面が触れ合うときも同じとなる。

(2) A面が板に触れ合うとき，スポンジが板から受ける圧力は何 Pa か，求めなさい。

チャレンジ 板とスポンジが触れている面積を考えよう。

表・グラフが出る問題がキライ

湿度表が読めない

注目するところがわかれば攻略

▶▶▶▶ **湿度は交差するところに書いてある！**

例 題

右の図は，乾湿計の乾球と湿球の示す温度を表したものである。下の表に示した湿度表を用いて湿度を求めなさい。　　　〈埼玉県〉

		\ 乾球と湿球の示す温度の差[℃]					
		0.0	1.0	2.0	3.0	4.0	5.0
乾球の示す温度[℃]	19	100	90	81	72	63	54
	18	100	90	80	71	62	53
	17	100	90	80	70	61	51
	16	100	89	79	69	59	50
	15	100	89	78	68	58	48

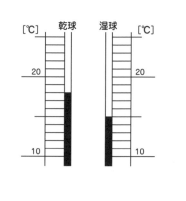

こう考える 「乾球の示す温度」の行と「乾球と湿球の示す温度の差」の列の交点の値を見るだけ！

①乾球と湿球の温度の差を調べる。

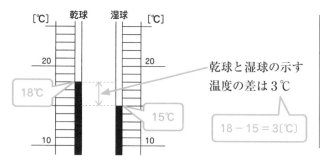

乾球と湿球の示す温度の差は3℃

18 − 15 = 3〔℃〕

②交差するところを読むだけ。

		\ 乾球と湿球の示す温度の差[℃]					
		0.0	1.0	2.0	3.0	4.0	5.0
乾球の示す温度[℃]	19	100	90	81	72	63	54
	18	100	90	80	71	62	53
	17	100	90	80	70	61	51
	16	100	89	79	69	59	50
	15	100	89	78	68	58	48

湿度表で，交差するところに湿度が書かれている。

71%

 は覚える 乾球

・気温は乾球の示す温度と同じ
・乾球の示す温度は湿球の示す温度よりも低くなることはない

答え **71%**

入試問題にチャレンジ

答え → 別冊 P.26

1 表1は，この場所での乾湿計の乾球と湿球の示した温度（示度）である。このときの湿度を，**表2**の湿度表を用いて求めなさい。

〈石川県〉

表1

乾球温度計	14℃
湿球温度計	11℃

表2

乾球の示度[℃]	乾球と湿球の示度の差[℃]							
	0.0	0.5	1.0	1.5	2.0	2.5	3.0	3.5
14	100	94	89	83	78	72	67	62
13	100	94	88	82	77	71	66	60
12	100	94	88	82	76	70	64	59
11	100	94	87	81	75	69	63	57

こう考える

交差するところを見よう。

2 ある日のある時刻の気温は24℃であった。図は，このときの乾湿計を模式的に示したものである。このときの湿度は何％か，右の湿度表を用いて答えなさい。

〈島根県〉

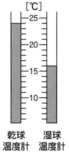

乾球温度計　湿球温度計

乾球温度計の示度[℃]	乾球温度計と湿球温度計の示度の差[℃]										
	0.0	1.0	2.0	3.0	4.0	5.0	6.0	7.0	8.0	9.0	10.0
25	100	92	84	76	68	61	54	47	41	34	28
24	100	91	83	75	67	60	53	46	39	33	26
23	100	91	83	75	67	59	52	45	38	31	24
22	100	91	82	74	66	58	50	43	36	29	22
21	100	91	82	73	65	57	49	41	34	27	20
20	100	91	81	72	64	56	48	40	32	25	18

3 日本のある地点Pにおいて，ある年の3月20日の3時から3月22日の24時まで，気温と湿度を観測した。図は，その観測記録の一部をグラフに表したものであり，表は，乾湿計用湿度表の一部を示したものである。湿度は，乾湿計の乾球及び湿球の示す温度と表の乾湿計用湿度表を用いて求めることができる。3月20日の9時の乾球と湿球の示す温度はそれぞれ何℃か。乾球の示す温度，湿球の示す温度の順に左から並べたものとして最も適当なものを次の**ア～ケ**から1つ選び，記号で答えなさい。　〈愛知県〉

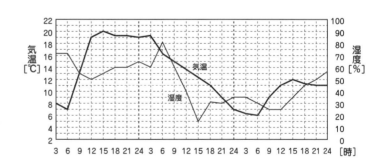

ア 9℃，9℃　　**イ** 9℃，13℃

ウ 9℃，17℃　　**エ** 13℃，9℃

オ 13℃，13℃　**カ** 13℃，17℃

キ 17℃，9℃　　**ク** 17℃，13℃

ケ 17℃，17℃

乾球の温度[℃]	乾球と湿球の温度の差[℃]					
	2.5	3.0	3.5	4.0	4.5	5.0
17	75	70	65	61	56	51
16	74	69	64	59	55	50
15	73	68	63	58	53	48
14	72	67	62	57	51	46
13	71	66	60	55	50	45
12	70	65	59	53	48	43
11	69	63	57	52	46	40
10	68	62	56	50	44	38
9	67	60	54	48	42	36

 気温と湿度から，乾球と湿球の温度の差を読みとろう。

数字・計算がキライ

湿度が求められない

注目するところがわかれば攻略
問題文に出てくる 2つの温度に注目！

例 題

実験室内の空気の湿度について調べるため，次の〔実験〕を行った。

〔実験〕

① 実験室で金属製のコップにくみ置きの水を半分ほど入れて，水の温度をはかった。

② 図のように，①の金属製のコップの中に，細かくくだいた氷の入った試験管を入れ，コップの中の水をかき混ぜながら冷やした。

③ 水の温度を調べながら，コップの表面を観察した。

表は，気温と飽和水蒸気量との関係を示したものである。

気温〔℃〕	0	2	4	6	8	10	12	14	16	18	20	22
飽和水蒸気量〔g/m³〕	4.8	5.6	6.4	7.3	8.3	9.4	10.7	12.1	13.6	15.4	17.3	19.4

〔実験〕の③では，水温が 10℃ になったとき，コップの表面が細かい水滴でくもり始めた。このときの実験室内の空気の湿度は何％か。小数第1位を四捨五入して整数で答えなさい。

ただし，この〔実験〕を行っている間，実験室内の空気の温度（気温）は 20℃ であり，実験室内の空気 1m³ あたりの水蒸気量は変化しないものとする。

〈愛知県〉

こう考える ▶ 問題文に出てくる2つの温度に注目し，それらの温度の飽和水蒸気量から計算する。

①問題文に出てくる2つの温度の飽和水蒸気量を調べる。

「水温が 10℃ になったとき，…」 「実験室内の空気の温度（気温）は 20℃ であり，…」

気温〔℃〕	0	2	4	6	8	10	12	14	16	18	20	22
飽和水蒸気量〔g/m³〕	4.8	5.6	6.4	7.3	8.3	9.4	10.7	12.1	13.6	15.4	17.3	19.4

小
大 をすればいいよ。

② $\dfrac{小さい数}{大きい数} \times 100$ で計算する。

小

大

$$\dfrac{9.4}{17.3} \times 100 = 54.3\cdots 〔\%〕$$

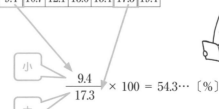

答 え 54%

1 気温が17℃の教室内で，**図1**の
ように金属製のコップにくみ置
きの水を入れ，しばらく置いた。
氷を入れた試験管をコップの中
に入れてゆっくりかき混ぜなが
ら水温を少しずつ下げていくと，
水温が11℃になったとき，コッ
プの表面がくもり始めた。**図2**は，空気1m³中に含むこ
とができる水蒸気量と気温の関係を表したものである。こ
のとき，次の文中の（　①　），（　②　）に適する数値を書
きなさい。答えは小数第1位を四捨五入して整数で書くこ
と。 〈佐賀県〉

図1

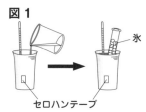

セロハンテープ

図2

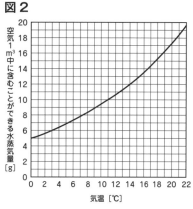

空気1m³中に含むことができる水蒸気量〔g〕

気温〔℃〕

実験の結果と**図2**より，教室の空気は1m³中に約（　①　）g
の水蒸気を含んでいることがわかる。さらに，教室の湿度は約
（　②　）％であることもわかる。

> **こう考える**
> 気温と水温に注目しよう。

①

②

2 図は，空気のかたまりが山の斜面にそって上昇し，雲が発生する様子
を模式的に表したものである。表は，気温と飽和水蒸気量との関係を
示したものである。図において，ふもと（高さ0m）における空気のか
たまりの温度は10℃であり，その空気のかたまりが高さ800mに達し
たときに雲が発生したとすると，ふもとにおける空気のかたまりの湿
度は何％であったと考えられるか。次の**ア〜オ**から，ふもとにおける
空気のかたまりの湿度に最も近いものを1つ選び，
記号で答えなさい。ただし，上昇する空気のかた
まりの温度は高さ100mにつき1℃の割合で下が
り，湿度100％になったときに雲が発生するものと
する。また，雲が発生するまで，1m³あたりの空
気に含まれる水蒸気量は，空気が上昇しても変わ
らないものとする。 〈静岡県〉

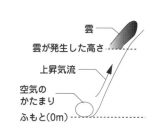

雲

雲が発生した高さ

上昇気流

空気の
かたまり

ふもと(0m)

気温〔℃〕	0	2	4	6	8	10
飽和水蒸気量〔g/m³〕	4.8	5.6	6.4	7.3	8.3	9.4

ア 30%　　**イ** 40%　　**ウ** 50%
エ 60%　　**オ** 70%

> **チャレンジ** 雲が発生したときの温度を考えよう。

表・グラフが出る問題がキライ

前線がいつ通過したかわからない

注目するところがわかれば攻略

▶▶▶▶ **気温と風向の変化を見つける！**

例題

ある日，寒冷前線が福岡市付近を通過した。図は，その日の福岡市の気温・風向・風力・天気の1日の変化を示したものである。寒冷前線が通過したのは，いつごろと考えられるか。最も適したものを，次の**ア～エ**から1つ選び，記号で答えなさい。　〈福岡県〉

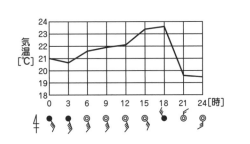

ア　3時ごろ　　**イ**　6時ごろ
ウ　15時ごろ　**エ**　18時ごろ

 こう考える　　寒冷前線が通過すると，気温と風向が変わる。→その変化を図から見つける！

ココは覚える　**寒冷前線が通過した後**
・気温が急に下がる。
・風向が北寄りに変わる。

気温と風向だけかぁ。

① 気温が急に下がっているところ，風向が北寄りに変わっているところを図から読みとる。

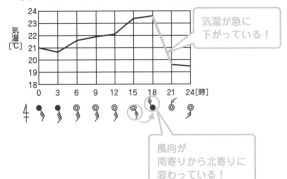

気温が急に下がっている！

風向が南寄りから北寄りに変わっている！

② 両方にあてはまるところを読むだけ
　→気温が急に下がり，風向が北寄りに変わっているのは18時ごろ！

18時ごろ，寒冷前線が通過した。

「エ」

答え **エ**

入試問題にチャレンジ

答え ➡ 別冊 P.27

1 図は，ある日に観測された栃木県内のある地点における気温，気圧，風向と風力の変化を表したものである。この地点を寒冷前線が通過した時間帯はどれか。次の**ア～エ**から1つ選び，記号で答えなさい。ただし，気温と気圧は0時から1時間おき，風向と風力は3時間おきに観測したものである。〈栃木県〉

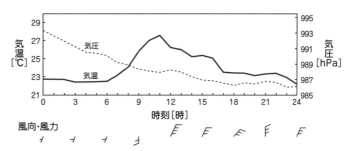

ア 6～8時 **イ** 10～12時
ウ 15～17時 **エ** 21～23時

> **こう考える**
> 気温と風向の変化を見つける。

2 日本のある地点において，3月のある日の0時から24時まで，3時間ごとに気象観測を行った。図は，観測した結果をまとめたものである。図の観測結果が得られた地点では，この日の0時から24時までの間に寒冷前線が通過した。寒冷前線が通過したのはいつごろと考えられるか。次の**ア～エ**から1つ選び，記号で答えなさい。また，そのように判断した理由を「気温」，「風向」という語を用いて簡潔に答えなさい。〈奈良県〉

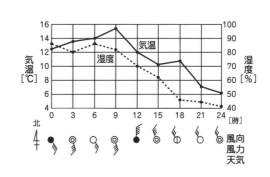

ア 3時から6時までの間 **イ** 9時から12時までの間
ウ 15時から18時までの間 **エ** 21時から24時までの間

記号 ☐ 理由 ☐

3 図と表は，P市である日に観測した気温，風向，風力を表している。この日，P市を前線が通過したのは，14時から15時の間であると考えられる。このとき通過した前線の名称を答えなさい。また，そう考えられる理由を2つ答えなさい。〈茨城県〉

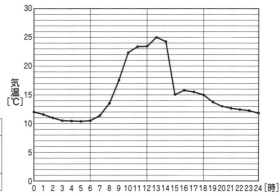

時刻	0	1	2	3	4	5	6	7	8	9	10	11	12	13	14	15	16	17	18	19	20	21	22	23	24
風向	東北東	東北東	東北東	東北東	東北東	－	－	－	－	南南西	南南西	南南西	南南西	南南西	北北西	北北西	北北西	北	－	－	－	－	－	－	－
風力	1	1	1	1	1	0	0	0	0	1	2	2	2	2	1	1	1	1	0	0	0	0	0	0	0

前線 ☐ 理由 ☐

☐

 気温と風向の変化から考えよう。

数字・計算がキライ
日の出・日の入りの時刻がわからない

注目するところがわかれば攻略

▶▶▶▶ **1時間に動く長さに注目！**

例題

太陽の動きを調べるために，2月末のある日に新潟県のある場所で，次の1～3の手順で観察を行った。

〔観察〕

1．**図1**のように，厚紙に透明半球を置いたときにできる円の中心をOとし，方位を定めて，透明半球を固定した。

2．透明半球上に，午前8時から午後4時まで1時間おきに，サインペンの先端の影が円の中心Oと一致するように印をつけ，その印をなめらかに結んで，透明半球のふちまで延長して曲線XYをつくった。

3．**図2**は，曲線XYに紙テープを重ね，透明半球上につけた印を写しとり，各点の間の距離を調べたものである。

図1

図2

図2をもとにして，観察を行った日の日の入りの時刻を求めなさい。

〈新潟県〉

こう考える ▶ 紙テープのXとYのどちらが日の入りかを確認したあと，
紙テープの1時間に動く長さに注目して，日の入りの時刻を求める。

①日の出と日の入りはどこかを確認する。

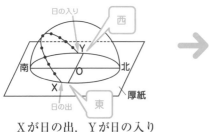

Xが日の出，Yが日の入り

②紙テープから，1時間に動く長さを調べ，
日の入りの時刻を求める。

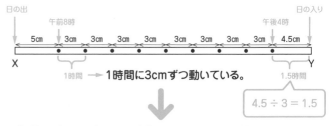

午後4時の1時間30分後が日の入りの時刻

答え **午後5時30分**

ここは覚える 太陽の動き

太陽は東からのぼり，南の空を通り，西にしずむ。

こんな場合は

南中時刻
→日の出と日の入りのちょうど真ん中

太陽は東から西へ…

入試問題にチャレンジ

答え ➡ 別冊 P.28

1 透明半球を用いて，夏至の日の午前7時45分から，1時間おきに太陽の動きを観測した。

図1のようにして，太陽の位置を透明半球上にペンを使って，・印で記録した。図2は，この日の太陽の動きを記録した透明半球の模式図で，・印は，透明半球上に時間の経過とともに，東から西へと並んだ。

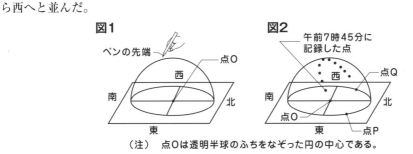

（注）　点Oは透明半球のふちをなぞった円の中心である。

図3は，図2の透明半球上に記録した部分にそって紙テープをはりつけて・印をうつしとったものであり，点P，Qは，紙テープの両端が透明半球のふちと交差した点である。

1時間おきに記録した・印の間隔はすべて2.0cmであった。点Qを日の入りの時刻における太陽の位置としたとき，この日の日の入りの時刻を答えなさい。　〈静岡県〉

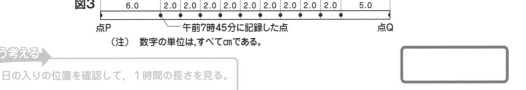

（注）　数字の単位は，すべてcmである。

こう考える

日の入りの位置を確認して，1時間の長さを見る。

2 ある日の8時から15時まで，1時間ごとに太陽の位置を観察し，その位置を・印で透明半球に記録した。図は，・印をなめらかな曲線で結び太陽の経路（道すじ）を表したものであり，A点は日の出の位置を，B点は8時の太陽の位置を表している。図の太陽の経路でAB間は8.8cm，1時間ごとの・印どうしの間隔は3.2cmであった。日の出の時刻は何時何分か，求めなさい。　〈青森県〉

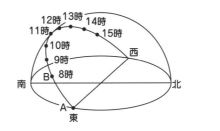

83

3 太陽の高度と方位が1日の間で変化することに興味をもったYさんは，秋分の日に，山口県のある場所で，次の観測を行った。

〔観測〕
① 画用紙に透明半球と同じ大きさの円をかき，その中心に×印をつけた。

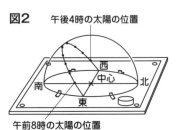

図1

② 図1のように，画用紙を押しピンで板にはりつけ，画用紙にかいた円に合わせて透明半球をテープで固定し，日あたりのよい水平なところに置いた。

③ 午前8時から午後4時まで1時間ごとに，フェルトペンの先の影が円の中心にくる位置をさがして透明半球上に•印をつけ，太陽の位置を記録した。

④ ③で記録した•印を，図2のように，なめらかな曲線で結び，それを透明半球のふちまでのばした。

⑤ <u>透明半球上にかいた曲線にそって，紙テープをあて，1時間ごとの•印の間隔を測ると，ほぼ同じ長さであった。</u>

〔観測〕の下線部において，1時間ごとの•印の間隔を平均すると2.5cmであった。また，午後4時に記録した•印から透

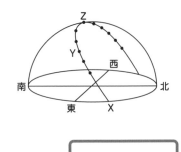

明半球の西のふちまで長さを曲線にそって測ると5.5cmであった。これらのことから，秋分の日における山口県の日の入りのおよその時刻として，最も適切なものを次のア～エから1つ選び，記号で答えなさい。

〈山口県〉

ア 午後5時50分　　**イ** 午後6時10分
ウ 午後6時30分　　**エ** 午後6時50分

---

4 福井県のある場所で，太陽の観察を行った。

〔観察〕 図のように透明半球を使って，太陽の1時間ごとの位置を記録し，なめらかな線で結んだ。Yは午前9時，Zは正午における太陽の位置を記録したものであり，YからZまでの曲線の長さは3.0cmであった。なお，Xは日の出の位置を表している。

X からYまでの曲線の長さを測定したところ，4.4cmであった。日の出の時刻は，午前何時何分と考えられるか。

〈福井県〉

---

5 日本のある地点Pで，太陽の日周運動について調べるため，次の〔観察〕を行った。

〔観察〕
① 図1のように，平らな板の上に厚紙をはり，その上に透明半球を固定した装置をつくった。

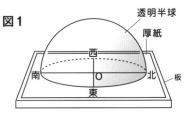

図1

② 冬至の日に，図1の装置を日当たりのよい水平な場所に置いた。

③ サインペンの先端を透明半球上で動かし，サインペンの先端のかげが透明半球の中心Oと一致したときに，透明半球上に印をつけて，9時から15時までの1時間ごとの太陽の位置を記録した。

④ ③でつけた印をなめらかな線で結び，さらにその線を透明半球のふちまでのばした。

図2は，〔観察〕の④の結果を表したものであり，点X
と点Yは，〔観察〕の④において透明半球のふちまでの
ばした線と厚紙との交点である。図2の点Aと点Bは，
太陽の位置を9時と10時に記録した点であり，点A
から点Bまでの間の弧の長さは3.0cm，点Xから点Y
までの間の弧の長さは30.0cmであった。また，図2
の点Rは，点Oを通る南北の線と線分XYとの交点，
点Sは，南北の線と透明半球との交点である。ただし，冬至の日に地点Pでは太陽は正午に南中し，
図2の点Cは，正午の太陽の位置を記録したものである。

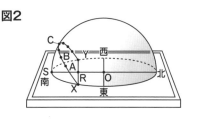

〔観察〕で，冬至の日の地点Pにおける日の出の時刻は何時何分と考えられるか。最も適当なものを，
次のア〜カから1つ選び，記号で答えなさい。 〈愛知県〉

ア 5時40分 **イ** 6時00分

ウ 6時20分 **エ** 6時40分

オ 7時00分 **カ** 7時20分

---

6 太陽の1日の動きを調べるため，白い紙に透明半球と同じ直
径の円をかき，円の中心を通る2本の直角な線を引いて，透
明半球を円に合わせて固定した。そして，福岡県のA地点で，
2本の線を東西南北に合わせて透明半球を水平なところに置
き，よく晴れた秋分の日の9時から15時まで，1時間ごとに
太陽の位置の印を透明半球上につけた。図1のaの線は，そ

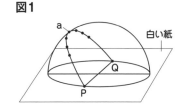

の印をなめらかに結び，透明半球のふちまで延長した太陽の道筋を示しており，PとQは，aと透
明半球のふちとの交点である。

aにそってPからQまで紙テープをあて，P，Q，太陽の1時間ごとの位置の印を・印で写しとり，
・印の間隔をはかった。図2は，その模式図であり，下の┆┄┄┄┆内は，図2から考察した内容の一部
である。文中の（ ① ）には，適切な語句を入れ，（ ② ）には，適切な時刻を答えなさい。〈福岡県〉

図2

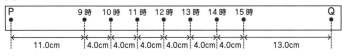

┌───┐
　　1時間ごとの・印の間隔が等しいので，天球上を太陽が動く速さは一定だとわかる。これは，
　地球が地軸を軸として一定の速さで1日に1回転しているからである。この運動を地球の
　（ ① ）という。また，太陽の道筋がaのようになった日に，A地点で太陽の高度が最も高
　くなった時刻は，（ ② ）だとわかる。
└───┘

チャレンジ 太陽が最も高くなるのはいつかを考えよう。

① ②

85

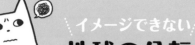

イメージできない
地球の公転がイメージできない

かいてみれば攻略

▶▶▶▶ **地球に立っている自分をかく！**

例 題

ある日の夕方から翌朝にかけて，富山市で天体観測を行ったところ，一晩中，空全体の星が観測できた。図は，この日の太陽と地球および黄道付近の4つの星座の位置関係を表した模式図である。

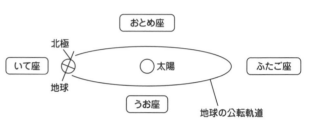

次の表は，4つの星座をこの日の夕方から明け方に観察して，見える場合はその方位を，見えない場合は×の記号を記入したものである。表中の①，②にあてはまる方位または×の記号を書きなさい。

〈富山県〉

	うお座	ふたご座	おとめ座	いて座
日の入りのころ	×	×	南	東
真夜中	東	×	①	南
日の出のころ	②	×	×	西

こう考える
問われている「真夜中」と「日の出のころ」の地平線と地球に立っている自分をかく！

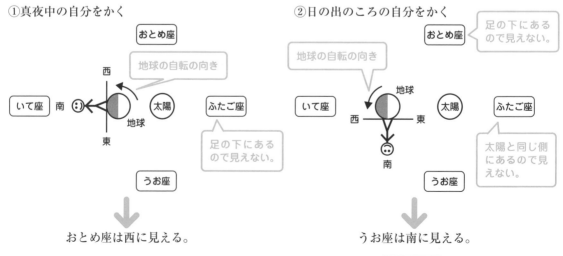

①真夜中の自分をかく

地球の自転の向き

足の下にあるので見えない。

→ おとめ座は西に見える。

②日の出のころの自分をかく

足の下にあるので見えない。

地球の自転の向き

太陽と同じ側にあるので見えない。

→ うお座は南に見える。

答え ① 西 ② 南

1 図は，太陽と地球，おもな星座の位置関係を表したもので，A〜Dは春，夏，秋，冬のいずれかの地球の位置である。真夜中に，南の空にさそり座が見えるのは，図のA〜Dのどの位置に地球があるときか。1つ選び，記号で答えなさい。

〈宮崎県〉

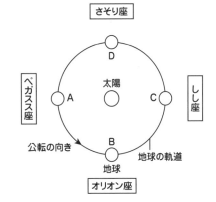

こう考える▶

真夜中の自分をかいてみよう。

2 図は，太陽を中心とした地球の1年間の動きと，天球上の太陽の通り道付近にある星座の位置を模式的に表したものである。次の(1)，(2)の問いに答えなさい。

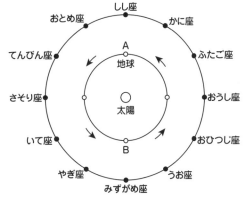

(1) 地球がAの位置にあるときに，真夜中にしし座が見える方向を次の**ア〜エ**の中から1つ選び，記号で答えなさい。

〈茨城県〉

ア 東　**イ** 西　**ウ** 南　**エ** 北

(2) 地球がBの位置にあるときに，日没時に真南の空に見られる星座は何か。図の中から1つ選び，その星座名を書きなさい。

3 右の図は，春分，夏至，秋分，冬至における地球と太陽の位置関係と，それらをとりまく主な星座を模式的に表したものである。春分の日の真夜中に，南の空に見えた星座はどれか，最も適当なものを，次のⅠ群**ア〜エ**から1つ選び，記号で答えなさい。また，京都のある地点で，その星座が真夜中に，西の空に見えるのは，夏至の日，秋分の日，冬至の日のうち，いずれの日であると考えられるか，最も適当なものを，下のⅡ群**カ〜ク**から1つ選び，記号で答えなさい。

〈京都府〉

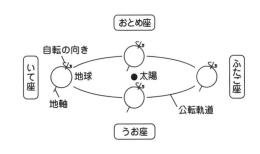

Ⅰ群　**ア** おとめ座　　**イ** いて座　　**ウ** うお座　　**エ** ふたご座

Ⅱ群　**カ** 夏至の日　　**キ** 秋分の日　　**ク** 冬至の日

チャレンジ 季節における地球の位置を確認しよう。

Ⅰ群 ☐　　Ⅱ群 ☐

星の1年の動きがイメージできない

これだけ覚えれば攻略

▶▶▶▶ 星は1時間で15°，1か月で30°動く！

例 題

山口県のある地点で，ある日の午前0時に南の空を観察したところ，図1のように，オリオン座のベテルギウスが南中していた。1か月後の午前0時に，同じ地点でベテルギウスを観察すると，1か月前より西に移動した位置に見えた。ベテルギウスのこの夜の南中時刻は何か。図2をもとに，最も適切なものをあとのア〜エから1つ選び，記号で答えなさい。　　　　　　〈山口県〉

図1

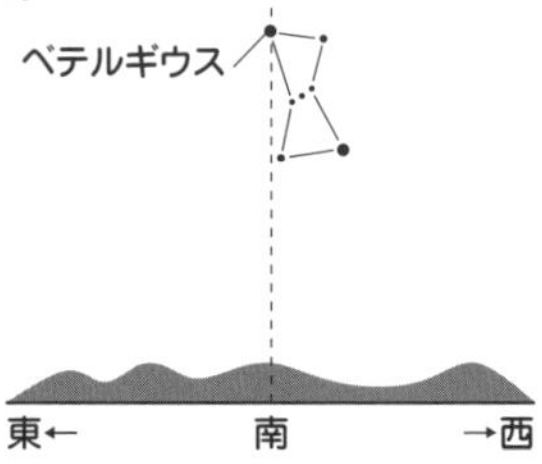

ベテルギウス

東←　　　南　　　→西

図2

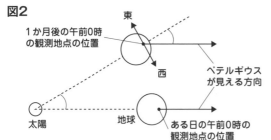

東
1か月後の午前0時の観測地点の位置
西
ベテルギウスが見える方向
太陽
地球
ある日の午前0時の観測地点の位置

ア 午後10時　　**イ** 午後11時　　**ウ** 午前1時　　**エ** 午前2時

こう考える ▶ 星がどれだけ動いたかを考える。

観察した日：午前0時に南中していた

観測した日の1か月後 ── 時間は同じ

> 1か月後の午前0時に，同じ地点でベテルギウスを観察すると，1か月前より西に移動した位置に見えた。

見える位置は1か月で30°西に移動する。

見える位置は1時間で15°西に移動する。

30°西に動いた ▶ 30 ÷ 15 = 2 より，午前0時の2時間前の午後10時に南中したと考えられる。

は覚える　星の見える位置

1か月で30°西に移動する
1時間で15°西に移動する

星は西へ…

答え　ア

入試問題にチャレンジ

答え ➡ 別冊 P.30

1 天体の動きや様子を調べる観測をした。

〔観測1〕 ある年の1月5日の午後8時に南の空を観測し，主な星座をスケッチしたところ，**図1**のようになった。

〔観測2〕 30日後の2月4日の午後8時に南の空を観測し，主な星座をスケッチしたところ，**図2**のようになった。このとき，オリオン座のAの星が南中していた。

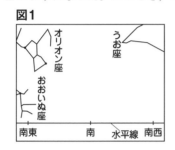

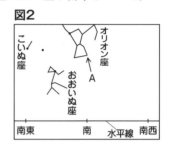

〔観測1〕で南中していなかったオリオン座のAの星が，30日後の〔観測2〕では南中していた。このことから，さらに〔観測2〕から30日後の3月6日に南の空を観測した場合に，オリオン座のAの星が南中すると考えられる時刻として適切なものを，次の**ア～エ**から1つ選び，記号で答えなさい。

〈東京都・改〉

ア 午後6時　　**イ** 午後7時　　**ウ** 午後9時　　**エ** 午後10時

こう考える▶
星がどれだけ動いたかを考える。

2 鳥取県のある場所で9月15日から3月15日まで，毎月15日の午前0時にオリオン座を観察したところ，その位置は1か月で約30°ずつ西へ移動していた。また，12月14日の夕方から15日の明け方にかけて，同じ場所で，オリオン座の動きを観察したところ，オリオン座は東の空からのぼって，午前0時に真南の空を通過し，西の空に沈んでいった。そのときの移動の速さを測ると，1時間で約15°であった。オリオン座は12月15日の午前0時に真南の空に見えた。また，ある月の15日に，オリオン座を観察したところ，午後8時に真南の空に見えた。ある月とは何月か，答えなさい。

〈鳥取県〉

3 ある年に，愛知県のある地点で北の夜空を観察した。図のAは，ある日の午後8時に，Bは，別の日の午後11時に観察したカシオペヤ座を模式的に表したものである。Bのカシオペヤ座を観察した日は，Aのカシオペヤ座を観察した日からおよそ何か月後か。最も適当なものを，次の**ア～カ**から1つ選び，記号で答えなさい。

〈愛知県〉

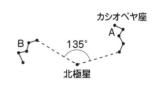

ア 1か月後　　**イ** 2か月後　　**ウ** 3か月後
エ 4か月後　　**オ** 6か月後　　**カ** 9か月後

 観察した時刻をそろえてから考えよう。

イメージできない

金星の位置がイメージできない

これだけ覚えれば攻略

▶▶▶▶ **半円に見える位置だけ覚える！**

例題

北海道のS町で，ある年の11月25日に
金星を天体望遠鏡で観察し，その様子を
スケッチした。**図1**は，そのときのスケッ
チである。ただし，金星のスケッチは，
上下左右が実際と同じになるようにかかれている。**図2**は，
太陽と金星，地球の位置関係を模式的に示したものであり，
●印は観察を行った11月25日の地球の位置を，・印A〜
Gは太陽のまわりを回る金星の位置を示している。観察を
行った11月25日の金星の位置として，最も適当なものを，
図2のA〜Gから1つ選び，記号で答えなさい。　〈北海道〉

図1

図2

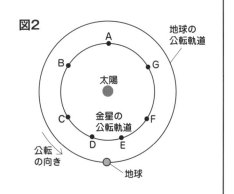

地球の
公転軌道

太陽

金星の
公転軌道

公転
の向き

地球

 金星が半円に見える位置を覚えておき，その位置との比較で考える。

①金星が太陽の右側にあるか，
　左側にあるかを考える。

> 太陽は左側にある。

金星の左側が光って見えるので，
金星は太陽の右側にある。

> E・F・Gのいずれか。

↓

②半円に見える位置と比べる。

半円より欠けているので，
半円に見える位置より
地球に近い位置にある。

 は覚える **金星が半円に見える位置**

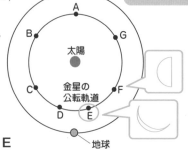

太陽と同じ方向
なので見えない

よいの明星

明けの明星

太陽

金星

右が光って
いる半円

左が光って
いる半円

地球

半円に見える位置より地球に近いほうが大きく欠ける。

A

B　　　　　　G

太陽

C　　　　　　F

金星の
公転軌道

D　　E

地球

半円に見えるのは
真横の位置じゃないんだね。

答え　**E**

1 ３月のある日の夕方，西の空に見えた金星を，天体望遠鏡を使って観察した。**図1**は，このときの金星の光って見える部分をスケッチしたものであり，肉眼で見たときのように上下左右の向きを直している。

図2は地球と金星の公転軌道を模式的に表したものである。地球が**図2**に示した位置にあるとすると，観察を行ったときの金星の位置は，**図2**のA～Fのどれにあたるか。最も適切なものを1つ選び，記号で答えなさい。　〈奈良県〉

図1

図2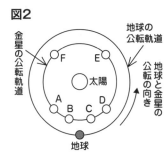

こう考える▶

半円に見える位置を覚えておく。

2 **図1**は，太陽と金星と地球の位置関係を模式的に表したものである。地球が**図1**の位置にあるときに，金星が**図2**のように見えるのは，金星が**図1**の**ア**～**カ**のどの位置にあるときか，正しいものを1つ選び，記号で答えなさい。ただし，**図2**は，逆さに見える望遠鏡で観察した像を上下左右入れかえたものである。　〈茨城県〉

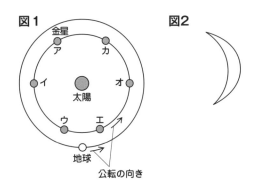

3 右の**図1**は，地球を基準とした，太陽と金星の位置関係を模式的に示したものである。また，下の**図2**は，**図1**中のXの位置にある金星を天体望遠鏡で観察したときのスケッチである。**図1**中のY，Zの位置にある金星を，同じ倍率にした天体望遠鏡で観察したときのスケッチは，**図3**中の**ア**～**カ**のうちのどれか。最も適当なものを，それぞれ1つずつ選び，記号で答えなさい。　〈香川県〉

図1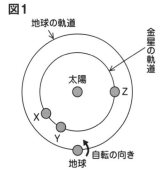

図2と図3のスケッチは，肉眼で見たときのように上下左右の向きを直してある。

 金星の位置から，見える形を考えよう。

Y　　　　Z

むずかしいのでニガテ

用語を答える問題がキライ

これだけ覚えれば攻略

▶▶▶▶ 問題文のフレーズと答えを
いっしょに覚えてしまえ！

こう考える ▶ 覚えないといけない用語はたくさんあるけれど，実は問題文をちゃんと読まなくても，その分野の中で問われる用語が決まっているものもある。各分野の問題文に含まれるフレーズと，その答えを覚えてしまおう。

【物理編】

問題文にこのフレーズが含まれていたら…	こう答える！	問題の例
光が折れ曲がって進む現象は？ →	（光の）屈折	光が種類の違う物質へ進むとき，2つの物質の境界で光が折れ曲がって進む現象を何といいますか。
電流が流れる現象は？ →	電磁誘導	磁石などでコイル内部の磁界を変化させると，電圧が生じてコイルに電流が流れる現象を何といいますか。
（コイルに）流れる電流は？ →	誘導電流	コイルの中の磁界が変化することによって回路に流れる電流を何といいますか。
○○の運動は？ →	等速直線運動	一定の速さで一直線上を動く運動を何といいますか。
○○し続ける性質は？ →	慣性	静止している物体は静止し続け，動いている物体はそのままの速さで等速直線運動を続ける性質を何といいますか。

【化学編】

問題文にこのフレーズが含まれていたら…	こう答える！	問題の例
再び液体をとり出す方法は？ →	蒸留	液体を加熱して沸騰させ，出てきた気体を冷やして再び液体をとり出す方法を何といいますか。
固体をとり出す方法は？ →	再結晶	水に溶かした物質を，溶液の温度を下げたり，溶媒を蒸発させたりして物質をとり出す方法を何といいますか。

【生物編】

問題文にこのフレーズが含まれていたら…	こう答える！	問題の例
無意識に起こる反応は？ →	反射	刺激を受けて無意識に起こる反応を何といいますか。
形とはたらきが同じであったと考えられる器官は？ →	相同器官	現在の形やはたらきが異なっていても，もとは形とはたらきが同じであったと考えられる器官を何といいますか。

【地学編】

問題文にこのフレーズが含まれていたら…	こう答える！	問題の例
地層の曲がりは？ →	しゅう曲	波打つような地層の曲がりを何といいますか。
水滴になり始める温度は？くもり始める温度は？ →	露点	空気中の水蒸気が水滴になり始めるときの温度を何といいますか。

入試問題にチャレンジ

答え → 別冊 P.31

1 光が空気中からガラスの中に進むとき，光が境界面で折れ曲がって進む現象を何というか，書きなさい。
〈茨城県〉

2 図のように，コイルと2個の発光ダイオードをつないだ回路をつくった。N極を下にした強力な棒磁石を，上からコイルにすばやく近づけたところ，発光ダイオードAだけが光った。このように，コイルの内部の磁界が変化したときに流れる電流を何といいますか。
〈福井県〉

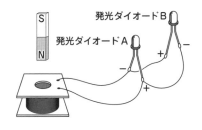

3 図のように，エタノールと水の混合物を，大型試験管に入れ，弱火で加熱した。このとき，液体を沸騰させ，出てくる気体を冷やして，再び液体としてとり出す方法を何というか，書きなさい。
〈石川県〉

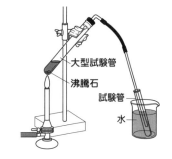

4 熱いものにうっかりさわったとき，熱いと感じる前に手を引っこめる。このように，刺激を受けて無意識に起こる反応を何というか。書きなさい。
〈福島県〉

5 コップの表面にできる水滴について調べるために，あきらさんは，室温20℃の部屋で，右の図のように金属製のコップに室温と同じ温度の水を入れ，その中に氷水を少しずつ加えながら，ガラス棒でゆっくりとかき混ぜた。しばらくすると，金属製のコップの表面がくもり始めた。金属製のコップの表面がくもるのは，空気中の水蒸気が水滴となってコップの表面についたためである。このように空気中の水蒸気が水滴に変わるときの温度を何というか，その名称を書きなさい。
〈三重県〉

むずかしいのでニガテ

文章を書く問題は解ける気がしない

注目するところがわかれば攻略

▶▶▶▶ ポイントだけおさえる！

こう考える ▶ 文章を書く問題は一見むずかしそうだが，その問題のテーマと，意図する**ポイント**をおさえて書けばよい。ここではよく出る文章記述問題のポイントをおさえよう。

【違いを問う問題】

テーマ→ポイント	問題	解答例
ヘモグロビンの性質 →くっつくか 　はなすか	赤血球に含まれるヘモグロビンは，どのような性質をもつか。その性質を，酸素が多いところにあるときと酸素が少ないところにあるときの違いに着目して，書きなさい。　〈山形県〉	酸素の多いところでは酸素と結合し，酸素の少ないところでは酸素をはなす性質。
震度とマグニチュード →ゆれの強さと規模	地震の震度とマグニチュードとは何か。それぞれ簡単に書きなさい。　〈香川県〉	震度は(各地の)ゆれの強さを表し，マグニチュードは地震の規模を表す。

【方法・しくみを問う問題】

テーマ→ポイント	問題	解答例
気体のにおいのかぎ方 →あおぐようにする	一般に，気体のにおいをかぐときにはどのようにするか，簡潔に書きなさい。　〈千葉県〉	手で鼻にあおぎ寄せるようにしてにおいをかぐ。
根の成長のしかた →数が増えて大きくなる	ソラマメの根がのびるしくみを，「細胞の数」，「細胞の大きさ」という語句を用いて説明しなさい。　〈新潟県〉	先端付近で細胞の数が増え，増えたひとつひとつの細胞の大きさが大きくなる。

【理由を問う問題】

テーマ→ポイント	問題	解答例
雷(花火)の音が遅れて聞こえる →速さが違うから	山の頂上に立っている鉄塔に落雷があり，落雷を見てから4秒後にその音が聞こえた。落雷が見えてから，音が遅れて聞こえたのはなぜか，書きなさい。　〈鹿児島県〉	音の伝わる速さが，光の速さに比べてはるかに遅いから。
電流計の使い方 →こわれるのを防ぐため	流れる電流の大きさが予想できないときは，まず，電流計の最大の端子である5Aの端子につなぐ。このように電流計の最大の端子につなぐ理由を，簡潔に書きなさい。　〈福岡県〉	大きい電流で電流計がこわれるのを防ぐため。
沸騰石を入れる →急な沸騰を防ぐため	液体を加熱するとき，沸騰石を入れて加熱するのはなぜか。その理由を書きなさい。	急に沸騰するのを防ぐため。

水上置換法ではじめの気体を集めない →空気が多いから	発生した気体を水上置換法で集めるとき，はじめに出てくる気体は集めないのはなぜか。その理由を書きなさい。	はじめに出てくる気体には，空気が多く含まれているから。
試験管の口を下げる →割れるから	炭酸水素ナトリウムを試験管に入れて加熱するとき，試験管の口を少し下げておくのはなぜか。その理由を書きなさい。	出てきた水が加熱している試験管の底の部分に流れると，試験管が割れることがあるから。
水の電気分解で水酸化ナトリウムを使う →電流を流しやすくするため	水の電気分解の実験で，水に水酸化ナトリウムを溶かした溶液を使う理由を書きなさい。	水に電流を流しやすくするため。
鉄と硫黄の加熱の方法 →熱で反応が進むから	鉄粉と硫黄の粉末を試験管に入れて加熱した。加熱した部分の色が赤く変わり始めたところで加熱をやめたが，反応はその後も続いた。これはなぜか。書きなさい。	反応によって発生した熱で，さらに反応が進むから。
小腸のつくり →表面積が大きくなるから	小腸には，消化された養分を吸収するはたらきがある。小腸の壁には，効率的に養分を吸収するために，たくさんのひだがあり，ひだの表面は柔毛と呼ばれる小さな突起でおおわれている。このようなつくりになっているのはなぜか。その理由を簡潔に書きなさい。　〈高知県〉	表面積が大きくなるから。
肺のつくり →酸素と二酸化炭素の交換の効率がよくなるから	肺の内部には，毛細血管にとり囲まれた肺胞と呼ばれる多数の小さな袋があり，空気に触れる表面積が大きくなっている。肺がこのようなつくりになっているのはなぜか。その理由を簡潔に書きなさい。　〈新潟県〉	二酸化炭素と酸素の交換が効率よくできるから。
無性生殖の形質が同じ →遺伝子をそのまま受けつぐから	無性生殖では，子の形質は親の形質と同じになる。子の形質が親の形質と同じになる理由を「遺伝子」ということばを用いて簡潔に説明しなさい。	子は親の遺伝子をそのまま受けつぐため。
黒点が黒い →温度が低いから	太陽の表面で，黒点が黒く見えるのはなぜか。その理由を簡単に書きなさい。　〈奈良県〉	周囲より温度が低いから。
黒点が動く →太陽が自転するから	望遠鏡で数日間継続して太陽の観察を行うと，黒点が移動していく様子が見られた。このような黒点の移動が見られる理由を答えなさい。　〈沖縄県〉	太陽が自転しているから。
南中高度・昼間の時間の変化 →地軸の傾きのため	南中高度の変化や，日の出から日の入りまでの時間の変化が起こる理由を，「公転」という語を用いて，簡潔に書きなさい。　〈群馬県〉	地軸が傾いたまま，太陽のまわりを公転しているから。
金星が真夜中に見えない →地球の内側にあるから	金星を真夜中に観察することができないのはなぜか。「公転」という語を用いて，その理由を簡潔に書きなさい。　〈和歌山県〉	金星は，地球よりも内側を公転しているから。
月の光 →太陽の光を反射するから	月は自ら光を出していないのに，夜空で明るく光って見えるのはなぜか。その理由を簡潔に書きなさい。　〈千葉県〉	太陽からの光を反射しているため。

なんとか
なるよ。

【出典の補足】
2011 年埼玉県…p.30 例題
2013 年埼玉県…p.27 大問 1，p.76 例題

〔高校入試　ニガテをなんとかする問題集　理科　改訂版　本冊〕

物 理 編

目に見えないのでわからない
光は見えないし，どう曲がるかなんてわからない

本冊 ➡ P.9

1 ア
2 イ

解説

1 空気中のほうが曲がり方が大きいので，空気中からガラスへ進むときは，入射角＞屈折角となり，ガラスの面から遠ざかるように屈折する。ガラスから空気中へ進むときは，入射角＜屈折角となり，ガラスの面に近づくように屈折する。

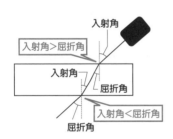

ポイント ガラスが直方体のときは，空気中からガラスへ進む入射光の道すじとガラスから空気中へ出る屈折光の道すじは平行になる。

2 チョークから出た光が空気中からガラスに入るときは，空気中に入射角，ガラス中に屈折角ができる。空気中のほうが曲がり方が大きいので，屈折角は入射角より小さくなる。また，ガラスから再び空気中へ出ていくときは，ガラス中に入射角，空気中に屈折角ができる。空気中のほうが曲がり方が大きいので，屈折角は入射角より大きくなる。

目に見えないのでわからない
像の大きさがわからない

本冊 ➡ P.11

1 (1) ア
　(2) イ
2 (1) ア
　(2)① 小さ　② 短
3 (1) ア
　(2) 15cm
4 イ

解説

1 じゅうぶんに離れた位置から光源を焦点に近づけると，光源は凸レンズに近づくので，スクリーンにうつる像はだんだん大きくなる。また，光源が凸レンズに近づくと，像ができる位置は凸レンズから遠くなるので，像がはっきりうつるスクリーンと凸レンズの距離は遠くなる。

2 (1) 板Xを凸レンズに近づけると，スクリーンにできる像は大きくなる。板Xと凸レンズの距離が29.0cmのとき，板Xの矢印とスクリーンにできた像の長さが同じになるので，板Xと凸レンズの距離が36.0cmのときは，像の長さは板Xの矢印よりも短くなり，板Xと凸レンズの距離が22.0cmのときは，像の長さは板Xの矢印よりも長くなる。また，スクリーンにできる像は実像なので，上下左右が逆の像ができる。

（2）　物体が焦点の外側にあるとき，物体が凸レンズに近づくと，像ができる位置は凸レンズから遠くなる。凸レンズと物体の距離が大きいほど，スクリーンにできる像は短くなり，スクリーンと凸レンズの距離は小さくなる。

3（1）　板と凸レンズの距離が小さくなると，スクリーンにできる像は大きくなる。

（2）　板と凸レンズとの距離と，凸レンズとスクリーンとの距離が同じとき，スクリーンには，物体と同じ大きさの像ができる。物体と同じ大きさの像ができるのは，物体が焦点距離の2倍の位置にあるときである。したがって，この実験に用いた凸レンズの焦点距離は，

$$30 \times \frac{1}{2} = 15〔cm〕 となる。$$

ポイント 板と凸レンズとの距離と，凸レンズとスクリーンとの距離が同じとき，板と凸レンズとの距離の $\frac{1}{2}$ が焦点距離となる。

4 黒い紙から凸レンズまでの距離と，凸レンズからスクリーンまでの距離がともに30cmなので，このときスクリーンにできた像の大きさは，黒い紙の三角形と同じ大きさである。また，このとき黒い紙は，焦点距離の2倍の位置にあるので，この凸レンズの焦点距離は，

$$30 \times \frac{1}{2} = 15〔cm〕 となる。$$

複雑だからわからない
抵抗が2つになるとややこしくてもうだめ

本冊 ➡ P.15

1 200mA

2 ア

3 （1）①　60Ω　　②　100mA
　　（2）　15Ω

4 （1）　6.0V
　　（2）　50Ω

5
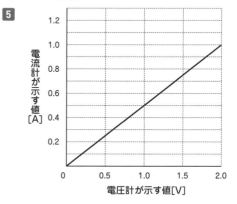

（グラフ：横軸「電圧計が示す値〔V〕」0〜2.0，縦軸「電流計が示す値〔A〕」0〜1.2）

解説

1 直列回路なので，電熱線aと電熱線bを流れる電流の大きさは等しい。

電熱線aの両端にかかる電圧は8Vだから，電熱線aの抵抗は，$\frac{8〔V〕}{0.4〔A〕} = 20〔Ω〕$ となる。

また，電熱線bの両端にかかる電圧は，$30〔Ω〕\times 0.4〔A〕= 12〔V〕$ より，電源装置の電圧は，$8 + 12 = 20〔V〕$ である。

電熱線bを抵抗が80Ωの電熱線に取りかえると，回路全体の抵抗は，$20 + 80 = 100〔Ω〕$ となる。電源装置の電圧は20Vだから，このとき電流計の示す電流の大きさは，

$\frac{20〔V〕}{100〔Ω〕} = 0.2〔A〕 = 200〔mA〕$ となる。

ポイント 直列回路では，回路に流れる電流の大きさはどこも同じである。また，直列回路の回路全体の抵抗の大きさは，各抵抗の大きさの和に等しい。

2 並列回路なので，電熱線Xと電熱線Yの両端にかかる電圧は等しい。

また，電圧〔V〕＝抵抗〔Ω〕×電流〔A〕より，電圧が一定であれば，電流の大きさが大きいほど抵抗の大きさは小さくなる。よって，点aを流れる電流が，点bを流れる電流より大きいので，電熱線Xの抵抗の大きさは，電熱線Yの抵抗の大きさよりも小さいとわかる。

> **ポイント** 並列回路では，各電熱線の両端に加わる電圧は，電源装置の電圧と等しい。

3 (1)① 直列回路なので，回路全体の抵抗の大きさは，各抵抗器の抵抗の大きさの和になる。

グラフより，抵抗器aの抵抗の大きさは，

$$\frac{6〔V〕}{0.3〔A〕} = 20〔Ω〕$$

抵抗器bの抵抗の大きさは，

$$\frac{6〔V〕}{0.15〔A〕} = 40〔Ω〕$$

よって，回路全体の抵抗の大きさは，

$20 + 40 = 60〔Ω〕$

② 直列回路なので，回路を流れる電流の大きさはどこも同じである。

よって，回路全体を流れる電流の大きさは，

$$\frac{6〔V〕}{60〔Ω〕} = 0.1〔A〕 = 100〔mA〕 \text{ となる。}$$

(2) 並列回路なので，各抵抗器にかかる電圧は，電源の電圧と等しく，回路全体を流れる電流は，各抵抗器を流れる電流の和となる。抵抗器aに流れる電流の大きさは，

$$\frac{6〔V〕}{20〔Ω〕} = 0.3〔A〕$$

よって，抵抗器cに流れる電流の大きさは，$0.7 - 0.3 = 0.4〔A〕$ となる。抵抗器cの両端にかかる電圧は6Vだから，抵抗器cの抵抗の大きさは，$\dfrac{6〔V〕}{0.4〔A〕} = 15〔Ω〕$ となる。

> **ポイント** 並列回路では，回路に流れる電流の大きさは，各電熱線に流れる電流の和と等しい。

4 (1) 直列回路なので，回路を流れる電流の大きさはどこも同じである。

グラフより，電熱線aの抵抗の大きさは，

$\dfrac{5〔V〕}{0.4〔A〕} = 12.5〔Ω〕$ だから，電熱線aの両端に加わる電圧は，$12.5〔Ω〕× 0.16〔A〕= 2.0〔V〕$

電熱線bの抵抗の大きさは，

$\dfrac{5〔V〕}{0.2〔A〕} = 25〔Ω〕$ だから，電熱線bの両端に加わる電圧は，$25〔Ω〕× 0.16〔A〕 = 4.0〔V〕$

点Pと点Qの間に加わる電圧は，各電熱線の両端に加わる電圧の和となるので，

$2.0 + 4.0 = 6.0〔V〕$ となる。

> **ポイント** 直列回路では，各電熱線の両端に加わる電圧の和は，電源装置の電圧と等しくなる。

(2) 並列回路なので，各電熱線に加わる電圧は，電源の電圧と等しく，回路全体を流れる電流は，各電熱線を流れる電流の和となる。電熱線aに流れる電流の大きさは，

$$\frac{5.0〔V〕}{12.5〔Ω〕} = 0.4〔A〕$$

よって，電熱線cに流れる電流の大きさは，$0.5 - 0.4 = 0.1〔A〕$ となる。電熱線cの両端に加わる電圧は5.0Vだから，電熱線cの抵抗の大きさは，$\dfrac{5.0〔V〕}{0.1〔A〕} = 50〔Ω〕$ となる。

5 並列回路なので，各電熱線にかかる電圧は，電源の電圧と等しく，回路全体を流れる電流は，各電熱線を流れる電流の和となる。

それぞれの回路の電圧計が 2.0 V となるように電源装置を調節したときの回路を流れる電流を考える。どの回路も並列なので，電圧計が 2.0 V を示すとき，電熱線 P を流れる電流は 0.4 A である。図 2 で電圧計が 2.0 V を示したとき，電流計が示す値は 0.6 A なので，電熱線 Q を流れる電流は，

0.6 − 0.4 = 0.2〔A〕である。

図 3 で電圧計が 2.0 V を示したとき，電流計が示す値は 1.2 A なので，電熱線 R を流れる電流は，

1.2 − 0.4 = 0.8〔A〕である。

図 5 で，電熱線 Q と電熱線 R を並列につなぎ，電圧計が 2.0 V を示すように調整すると，電流計の示す値は，電熱線 Q を流れる電流の大きさと電熱線 R を流れる電流の大きさの和となるので，

0.2 + 0.8 = 1.0〔A〕である。

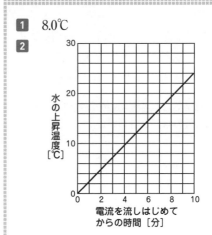

表・グラフが出る問題がキライ
電流が流れて水がどう温まるのかわからない
本冊 ➡ P.19

1 8.0℃

2

縦軸：水の上昇温度〔℃〕
横軸：電流を流しはじめてからの時間〔分〕

解説

1 電熱線に 2 V の電圧をかけたときの電力は，

2〔V〕× 0.4〔A〕 = 0.8〔W〕

電熱線に 8 V の電圧をかけたときの電力は，

8〔V〕× 1.6〔A〕 = 12.8〔W〕

水の上昇温度は電力に比例するので，8 V の電圧をかけたときの 7 分後の水の上昇温度は，

$$0.5〔℃〕× \frac{12.8〔W〕}{0.8〔W〕} = 8.0〔℃〕$$

ポイント 電力〔W〕＝電圧〔V〕×電流〔A〕

② 6 Vの電圧をかけたとき，抵抗が4Ωの電熱

線Aに流れる電流は，

$$\frac{6〔V〕}{4〔Ω〕} = 1.5〔A〕$$

よって，電熱線Aの電力は，

$6〔V〕 × 1.5〔A〕 = 9〔W〕$

6 Vの電圧をかけたとき，抵抗が2Ωの電熱

線Bに流れる電流は，$\frac{6〔V〕}{2〔Ω〕} = 3〔A〕$だから，

電熱線Bの電力は，

$6〔V〕 × 3〔A〕 = 18〔W〕$

水の上昇温度は電力に比例するので，電熱線

Bを用いたときの10分後の水の上昇温度は，

$$12〔℃〕 × \frac{18〔W〕}{9〔W〕} = 24〔℃〕$$ となる。この点

と原点を結ぶ直線をかけばよい。

ポイント 水の上昇温度は電力に比例する。

まぎらわしいのでニガテ
検流計の針の動きがわからない

本冊 ➡ P.21

① ウ，エ
② イ，ウ

解説

① コイルに磁石を近づけると検流計の針が振れ
るのは，コイルに電流が流れるためである。
検流計の針が左右どちらに振れるかは，流れ
る電流の向きによって決まる。
それぞれ磁石の「動き」と「極」をまとめる。
実験では，N極をコイルに近づけている。
ア：極が同じで，動きは逆
イ：極が逆で，動きは同じ
ウ：極も動きも同じ
エ：極も動きも逆
したがって，実験と同じように検流計の針が
左に振れるのは，「動き」と「極」が2つと
も同じ**ウ**と，2つとも逆の**エ**となる。「動き」
か「極」の一方だけが逆である**ア**と**イ**は，検
流計の針は右に振れる。

ポイント 磁石の「動き」と「極」が2つとも同じ
か2つとも逆であれば，検流計の針の振れ方は
同じになる。

2 発光ダイオードの長い足の端子と短い足の端子を逆にすると，コイルを流れる電流が逆になったとき，発光ダイオードが点灯する。

ア：発光ダイオードのつなぎ方は同じ。
　　極が逆で，動きは同じ。

イ：発光ダイオードのつなぎ方は同じ。
　　極も動きも逆。

ウ：発光ダイオードのつなぎ方が逆。
　　極が逆で，動きは同じ。

エ：発光ダイオードのつなぎ方が逆。
　　極も動きも逆。

したがって，発光ダイオードのつなぎ方が同じで，磁石の「動き」と「極」が２つとも逆の**イ**と，発光ダイオードのつなぎ方が逆で，磁石の「動き」と「極」の一方だけが逆の**ウ**は，発光ダイオードが点灯する。

本冊 ➡ P.23

数字・計算がキライ
浮力の大きさが求められない

1 0.40 N

2 重力　7 N　　浮力　2 N

3 (1)　1.1 N

　(2)　**エ**

4 (1)

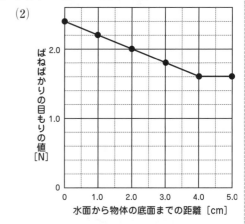

縦軸：浮力〔N〕　横軸：水面から物体底面までの距離〔cm〕

　(2)　4.5 N

5 (1)(i)　2.4 N　　(ii)　0.8 N

　(2)

縦軸：ばねばかりの目もりの値〔N〕　横軸：水面から物体の底面までの距離〔cm〕

解説

1 物体の空気中でのばねばかりが示す値が 1.0 N，水中でのばねばかりが示した値が 0.60 N だから，物体にはたらいている浮力の大きさは，1.0 − 0.60 = 0.40〔N〕

> **ポイント** 浮力の大きさ〔N〕
> ＝空気中でのばねばかりが示した値
> 　　　　－水中でのばねばかりが示した値

2 物体にはたらいている重力は，物体の空気中でのばねばかりが示した値と等しいので7Ｎである。水中でのばねばかりが示した値が5Ｎだから，物体にはたらいている浮力の大きさは，7 − 5 = 2〔Ｎ〕となる。

3 (1) 物体Ａの空気中でのばねばかりが示した値は8.5Ｎ，水中でのばねばかりが示した値は7.4Ｎだから，物体Ａにはたらく浮力の大きさは，8.5 − 7.4 = 1.1〔Ｎ〕

(2) 物体Ｂの空気中でのばねばかりが示した値は2.9Ｎ，水中でのばねばかりが示した値は1.8Ｎだから，物体Ｂにはたらく浮力の大きさは，

2.9 − 1.8 = 1.1〔Ｎ〕

物体Ｃの空気中でのばねばかりが示した値は5.8Ｎ，水中でのばねばかりが示した値は3.6Ｎだから，物体Ｃにはたらく浮力の大きさは，

5.8 − 3.6 = 2.2〔Ｎ〕

物体Ａと物体Ｂを比べると，体積が同じではたらく浮力の大きさも等しい。物体Ｂと物体Ｃを比べると，物体Ｃの体積は物体Ｂの2倍で，物体Ｃにはたらく浮力の大きさは物体Ｂにはたらく浮力の大きさの2倍になっている。これらのことから，浮力は，空気中での重さには無関係で，体積が大きいほど大きくなるといえる。

ポイント 浮力の大きさは，水中に沈んでいる部分の体積で決まる。

4 (1) 水面から物体底面までの距離が0 cmのとき，ばねばかりの値は3.0Ｎだから，はたらく浮力の大きさは，3.0 − 3.0 = 0〔Ｎ〕である。

また，水面から物体底面までの距離が5 cmのとき，ばねばかりの値は2.0Ｎだから，はたらく浮力の大きさは，3.0 − 2.0 = 1.0〔Ｎ〕である。

ばねばかりの値は，物体底面までの距離が5 cmまでは一定の割合で小さくなっているので，浮力の大きさは，物体底面までの距離が5 cmまでは一定の割合で大きくなる。物体底面までの距離が5 cmから8 cmまでは，ばねばかりの示す値は変化がなく一定なので，はたらく浮力の大きさも変化がなく一定になる。

(2) 物体Ｂは，水中に沈んでいるので，物体Ｂが物体Ａを引く力は2.0Ｎである。また，物体Ａの質量は250 gだから，物体Ａにはたらく重力の大きさは2.5Ｎである。物体Ａが浮かび，静止しているので，物体Ａにはたらく浮力（上向きの力）の大きさは，物体Ａに下向きにはたらく力の大きさの和と等しくなる。したがって，物体Ａにはたらく浮力の大きさは，2.0 + 2.5 = 4.5〔Ｎ〕となる。

ポイント 物体が完全に水中に沈んでいるとき，物体にはたらく浮力の大きさは，水面から物体底面までの距離にかかわらず一定である。

浮力は水中でのばねばかりの示した値に注目らしいよ。

ニャー。

5 (1)(i) 実験の①より，空気中でのばねばかりの目もりの値が2.4Nだから，物体にはたらく重力の大きさは2.4Nである。

(ii) 物体の高さは4.0cmだから，水面から物体の底面までの距離が4.0cmのとき，物体は完全に水中に沈んでいる。水面から物体の底面までの距離が4.0cmのときのばねばかりの目もりの値は1.6Nだから，物体にはたらく浮力の大きさは，2.4 − 1.6 = 0.8〔N〕である。

(2) 物体を水中に沈めると，物体には浮力がはたらく。浮力がはたらく分，ばねばかりの目もりの値は一定の割合で小さくなる。この物体全体を水中に沈めたとき，物体にはたらく浮力の大きさは0.8Nだから，水面から物体の底面までの距離が5.0cmのときも，ばねばかりの目もりの値は，2.4 − 0.8 = 1.6〔N〕と予想できる。したがって，グラフは，水面から物体の底面までの距離が4.0cmまでは，ばねばかりの目もりの値が一定の割合で小さくなり，4.0cmから5.0cmまでは，変化がなく一定となる。

目に見えないのでわからない
力が合わさったり，分かれたりするのがいやだ

本冊 → P.27

1　0.5N

2　(1)

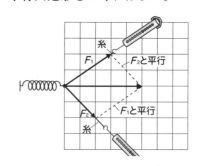

天井からつるした糸

P

(2)　14N

解説

1 合力は，ばねを引く力 F_1，F_2 を2辺とする平行四辺形をつくればよい。

糸
F_1
F_2と平行
F_2
F_1と平行
糸

図より，F_1，F_2 の合力は0.5Nとなる。

2 (1)　ばねばかりが糸を引く力は7.0Nだから，点Pから右向きに7目盛り分の矢印で表される。ばねばかりが糸を引く力を表した矢印の先端から，天井からつるした糸と平行な直線を引き，点Pから上向きの直線との交点をQとする。このとき，線分PQは，ばねばかりが糸を引く力と糸がペットボトルを引く力の合力の大きさを表している。また，点Qから，ばねばかりが糸を引く力と平行な直線を引き，天井からつるした糸との交点をRとすると，線分PRは，糸がペットボトルを引く力の大きさを表している。

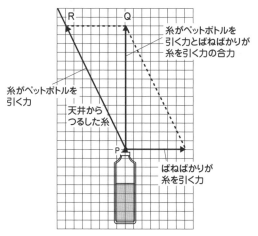

（2）　水の入ったペットボトルは静止しているので，水とペットボトルの重さの合計は，ばねばかりが糸を引く力と糸がペットボトルを引く力の合力の大きさと等しくなる。

ポイント　2力がつり合っているときは，2力は一直線上に反対向きにあり，大きさが等しい。

数字・計算がキライ
台車とテープが出てくるといやだ
本冊 ➡ P.29

1　40cm/s
2　95cm/s
3　98cm/s

解説

1 テープ⑤の長さは4cm，テープ1区間の時間は0.1秒だから，台車の平均の速さは，
4〔cm〕÷ 0.1〔s〕= 40〔cm/s〕

ポイント　テープ1区間の時間は0.1秒

2 打点aから打点bまでのテープの長さは，
13.4 + 10.8 + 8.2 + 5.6 = 38〔cm〕
テープ1区間の時間は0.1秒で，打点aから打点bまではテープが4区間あるので，台車の平均の速さは，
38〔cm〕÷ 0.4〔s〕= 95〔cm/s〕

3 台車がB点からC点までにかかった時間が0.1秒で，平均の速さは64cm/sだから，
BC間のテープの長さは，
64〔cm/s〕× 0.1〔s〕= 6.4〔cm〕である。
CD間はBC間よりも3.4cm長いので，CD間のテープの長さは，6.4 + 3.4 = 9.8〔cm〕となる。
台車がC点からD点までにかかった時間は0.1秒だから，台車の平均の速さは，
9.8〔cm〕÷ 0.1〔s〕= 98〔cm/s〕

9

数字・計算がキライ
仕事ができない

本冊 ➡ P.31

1 ウ

2 25cm

解説

1 ばねばかりが2.5Nを示したので，動滑車を支える2本のひもには，それぞれ2.5Nの力がはたらく。したがって，物体にはたらく重力は，2.5 × 2 = 5〔N〕である。よって，物体の質量は500gとなる。また，物体を引き上げたときの仕事は，5〔N〕× 0.3〔m〕= 1.5〔J〕で，この仕事をするのにかかった時間は3秒だから，物体を引き上げたときの仕事率は，

$$\frac{1.5〔J〕}{3〔s〕} = 0.5〔W〕$$ となる。

2 重さ5Nの物体を10cm（= 0.1m）の高さまで引き上げたときの仕事は，

5〔N〕× 0.1〔m〕= 0.5〔J〕

ばねばかりの値が2Nだったので，物体を斜面にそって引き上げた距離は，

$$\frac{0.5〔J〕}{2〔N〕} = 0.25〔m〕 = 25〔cm〕$$

化 学 編

公式が覚えられない
密度はむずかしいからキライ

本冊 ➡ P.33

1 $0.80g/cm^3$

2 体積 **ア** 　密度 $2.7g/cm^3$

3 (1) ① R ② U （①，②順不同）
　　(2) P

解説

1 密度の単位は「g/cm^3」だから，密度は質量40gを体積$50cm^3$でわって求めることができる。

$$\frac{40〔g〕}{50〔cm^3〕} = 0.80〔g/cm^3〕$$

2 操作③で上昇した水面の目盛りは$33.0cm^3$，メスシリンダー内の水の体積は$30.0cm^3$であるので，金属Xの体積は，

33.0 − 30.0 = 3.0〔cm^3〕

密度の単位は「g/cm^3」だから，密度は質量8.07gを体積$3.0cm^3$でわって求めることができる。

$$\frac{8.07〔g〕}{3.0〔cm^3〕} = 2.69〔g/cm^3〕$$ より，小数第2位を四捨五入して，$2.7g/cm^3$。

密度は公式が
問題文中にあるよ！

?

3 (1) 図に，P～Uそれぞれの値を示す点と原点を通る直線を引いてみると，RとUは同じ直線上にある。同じ直線上にある物質は密度が同じなので，RとUは密度が同じである。密度は物質の種類によって決まっているので，RとUは同じ物質であることがわかる。

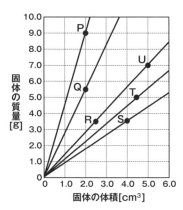

(2) 密度が4.5g/cm³の物質は，体積が1.0cm³のとき，質量が4.5gである。図に体積1.0cm³，質量4.5gの値をとる点と原点を通る直線を引くと，同じ直線上にPがあるので，固体Pの密度も4.5g/cm³であることがわかる。

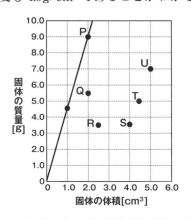

ポイント 図に原点を通る直線を引いて考えると，密度を求めずに，同じ密度の固体を探すことができる。

---

1 ウ

2 イ

3 (1) 16 g

(2) 塩化ナトリウム水溶液から水を蒸発させる。

4 (1) イ

(2) ウ

5 (1) 26℃（27℃）

(2) エ

(3) 温度が下がっても溶解度がほとんど変わらないため。

解説

1 図より，水100 gにとけるミョウバンの質量は，60℃では約58 g，40℃では約23 gである。よって，とけきれずに現れたミョウバンの質量は，58 − 23 = 35〔g〕である。

2 ア～エの80℃と40℃での水100 gにとける物質の質量の差を比べると，次の図のようになり，差が大きいほうから順に，**イ>ア>ウ>エ**となる。よって，最も多くの結晶が出てくるのは**イ**である。

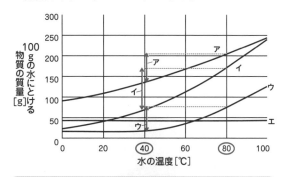

ポイント 温度による溶解度の差が大きいほど，出てくる結晶の質量は多くなる。

3(1)　表より，10℃の水200gにとける硝酸カリウムの質量は，22.0 × 2 = 44.0〔g〕である。よって，とり出すことができる固体の質量は，60 − 44.0 = 16〔g〕となる。

(2)　塩化ナトリウムは，水の温度による溶解度の差が小さいので，水溶液の温度を下げてもほとんど結晶をとり出すことができない。塩化ナトリウム水溶液から結晶をとり出すには，水溶液を加熱するなどして，水を蒸発させるとよい。

ポイント　塩化ナトリウムは，温度による溶解度の差が小さい。

4 200gの水に50gの物質をとかした場合は，100gの水に25gの物質をとかしたとして考える。次の図のように，水溶液の温度を下げていくと，ミョウバン，硝酸カリウムの順で結晶が出てくる。食塩は，10℃でもすべてとけているので，10℃になったときにとけている物質の質量が最も大きいのは食塩である。

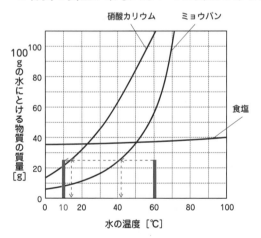

5(1)　50gの水に20gの物質をとかした場合は，100gの水に40gの物質をとかしたとして考える。次の図のように，水溶液の温度を下げていくと，約26℃で結晶が現れはじめる。

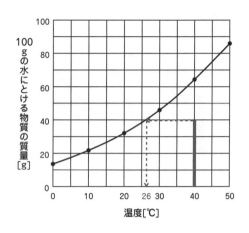

(2)　蒸発した水の質量をxgとすると，$(100 − x)$gの水に60gの物質Aがとけて飽和していることになる。表より，40℃の物質Aの溶解度は63.9gなので，

$(100 − x) : 60 = 100 : 63.9$ となる。

これより，$x = 6.1\cdots$〔g〕

(3)　表より，物質Bは50℃での溶解度が36.7g，0℃での溶解度が35.7gで，温度による溶解度の差がほとんどないことがわかる。

1 CO_2
2 (1) 水素
　　(2) **エ**

解説

1 実験の②で石灰水が白くにごったので，発生した気体は二酸化炭素である。
酸化銅と炭素粉末を混ぜて加熱すると，炭素は酸化銅から酸素をうばい二酸化炭素となる。

2 (1) 実験2で，気体Xにマッチの火を近づけると音をたてて燃えたので，気体Xは水素である。
(2) 実験2で，気体Yに火のついた線香を入れると線香が激しく燃えたので，気体Yは酸素である。酸素は，二酸化マンガンにうすい過酸化水素水を加えると発生する。石灰石にうすい塩酸を加えると二酸化炭素が，亜鉛にうすい塩酸を加えると水素が，塩化アンモニウムと水酸化カルシウムを混ぜ合わせて加熱するとアンモニアが発生する。

> **ポイント** フレーズで，発生する気体を覚えてしまう。
> ・線香ときたら酸素
> ・マッチときたら水素
> ・石灰水ときたら二酸化炭素

1 $2H_2O \rightarrow 2H_2 + O_2$
2 $2Cu + O_2 \rightarrow 2CuO$
3 $2Mg + O_2 \rightarrow 2MgO$
4 $Fe + S \rightarrow FeS$
5 $2CuO + C \rightarrow 2Cu + CO_2$

解説

1 $2H_2O \rightarrow 2H_2 + O_2$
化学反応式の→左側は，水素原子が4個，酸素原子が2個で，→の右側も水素原子が4個，酸素原子が2個になる。

2 $2Cu + O_2 \rightarrow 2CuO$
化学反応式の→の左側は，銅原子が2個，酸素原子が2個で，→の右側も銅原子が2個，酸素原子が2個になる。

3 $2Mg + O_2 \rightarrow 2MgO$
化学反応式の→の左側は，マグネシウム原子が2個，酸素原子が2個で，→の右側もマグネシウム原子が2個，酸素原子が2個になる。

4 $Fe + S \rightarrow FeS$
化学反応式の→の左側は，鉄原子が1個，硫黄原子が1個で，→の右側も鉄原子が1個，硫黄原子が1個になる。

5 $2CuO + C \rightarrow 2Cu + CO_2$
酸化銅と炭素の混合物を加熱すると，銅と二酸化炭素ができる。化学反応式の→の左側は，銅原子が2個，酸素原子が2個，炭素原子が1個で，→の右側も銅原子が2個，酸素原子が2個，炭素原子が1個になる。

本冊 ➡ P.43

表・グラフが出る問題がキライ
気体の発生量の グラフがかけない

1

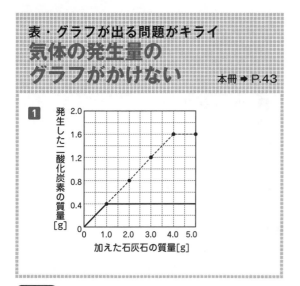

移動させた平らな部分を比例のグラフに当たるまで左に延長する。

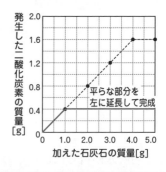

平らな部分を
左に延長して完成

ポイント 細かい計算をせずに，問題にかかれたグラフを利用する。

解説

1 グラフの平らな部分を移動させて，グラフを完成させる。塩酸の濃度や質量が半分になると，発生する気体の量も半分になるので，塩酸の濃度が $\dfrac{1}{2}$，質量が $\dfrac{1}{2}$ になったときの発生する気体の量は，$\dfrac{1}{2} \times \dfrac{1}{2} = \dfrac{1}{4}$ になる。これより，平らな部分を，発生した二酸化炭素の体積が，$1.6 \times \dfrac{1}{4} = 0.4〔g〕$ となるように移動させる。

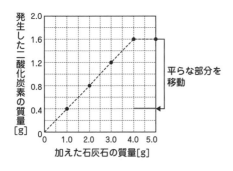

平らな部分を
移動

表・グラフが出る問題がキライ
金属に結びつく酸素のことがわからない

本冊 ➡ P.45

1 ア
2 4.0 g
3 エ
4 エ

解説

1 銅：酸素 ＝ 4：1 だから，銅 2.8 g と結びつく酸素の質量を x g とすると，
2.8：x ＝ 4：1 より，x ＝ 0.7〔g〕

2 銅：酸素 ＝ 4：1 だから，質量 1.0 g の酸素と反応する銅の質量を x g とすると，
x：1.0 ＝ 4：1 より，x ＝ 4.0〔g〕

3 銅：酸素 ＝ 4：1 ＝ 8：2
また，マグネシウム：酸素 ＝ 3：2 だから，同じ質量の酸素と反応することができる銅とマグネシウムの質量の比は，8：3 である。

ポイント 同じ質量の酸素と反応する銅とマグネシウムの質量の比は，「銅：酸素」と「マグネシウム：酸素」の酸素の部分の値をそろえる。

4 表より，空のステンレス皿 C の質量は 20.32 g，ステンレス皿 C と入れたマグネシウムを合わせた質量は 21.22 g である。よって，実験の②でステンレス皿 C に入れたマグネシウムの質量は，21.22 − 20.32 ＝ 0.90〔g〕である。ステンレス皿 C 全体の質量が 21.62 g になったとき，マグネシウムと結びついた酸素の質量は，21.62 − 21.22 ＝ 0.40〔g〕
マグネシウム：酸素 ＝ 3：2 だから，0.40 g の酸素と反応したマグネシウムの質量を x g とすると，x：0.4 ＝ 3：2 より，x ＝ 0.60〔g〕
酸素と反応していないマグネシウムの質量は，0.90 − 0.60 ＝ 0.30〔g〕

ポイント ②で測定した質量は，ステンレス皿の質量と入れたマグネシウムの質量の合計である。加熱して質量が増加したのは，酸素が結びついたからである。

銅：酸素 ＝ 4：1
マグネシウム：酸素 ＝ 3：2
だよ。

目に見えないのでわからない
イオンが増えたり減ったりがニガテ

本冊 ➡ P.49

1 エ
2 イ

解説

1 表より，水酸化ナトリウム水溶液を $4.0cm^3$ 加えたとき，BTB溶液の色が緑色に変化し，中和により試験管の中の水溶液が中性になったことがわかる。中性では OH^- の数は0なので，加えた水酸化ナトリウム水溶液の体積が $4.0cm^3$ までは，OH^- の数は0のままで増えない。また，水酸化ナトリウム水溶液を $5.0cm^3$ 加えると，BTB溶液の色は青色で，アルカリ性になるので，OH^- の数は増加することがわかる。

2 実験で，BTB溶液の色が黄色→緑色→青色と変化していることから，溶液は酸性→中性→アルカリ性に変化していることがわかる。酸性の水溶液には水素イオン (H^+) が存在するが，中和してちょうど中性になったとき，H^+ の数は0になる。中性になったあと，さらに水酸化ナトリウム水溶液を加えると，OH^- の数は増えるが，H^+ の数は0のままで増えない。

生 物 編

複雑だからわからない
光合成と呼吸の実験がむずかしい

本冊 ➡ P.51

1 イ

解説

1 光合成を行うには日光が必要である。試験管Cは，光が当たらないようにアルミニウムはくでおおわれているので，試験管Cに入れたオオカナダモは光合成を行わずに，呼吸のみを行う。したがって，ＢＴＢ溶液の色は黄色になる。

> **ポイント** ＢＴＢ溶液は，酸性では黄色に，中性では緑色に，アルカリ性では青色に変化する。

1 2.5 倍

2 a 0.4　　b 2.1　　c 0.3

解説

1 葉の表側からの水の蒸散量は，葉の表側だけにワセリンをぬったホウセンカ a を入れたメスシリンダーの水の減少量と，ワセリンをぬらなかったホウセンカ c を入れたメスシリンダーの水の減少量との差となる。よって，
$15.0 - 11.0 = 4.0〔cm^3〕$
葉の裏側からの水の蒸散量は，葉の裏側だけにワセリンをぬったホウセンカ b を入れたメスシリンダーの水の減少量と，ワセリンをぬらなかったホウセンカ c を入れたメスシリンダーの水の減少量との差となる。よって，
$15.0 - 5.0 = 10.0〔cm^3〕$
したがって，ホウセンカ 1 本あたりの葉の裏側からの水の蒸散量は，葉の表側からの蒸散量の，$10.0 \div 4.0 = 2.5〔倍〕$ となる。

2 葉の表側からの水の蒸散量は，葉の表側だけにワセリンをぬったアジサイ A を入れたメスシリンダーの水の減少量と，ワセリンをぬらなかったアジサイ C を入れたメスシリンダーの水の減少量との差となる。よって，
$2.8 - 2.4 = 0.4〔cm^3〕$
葉の裏側からの水の蒸散量は，葉の裏側だけにワセリンをぬったアジサイ B を入れたメスシリンダーの水の減少量と，ワセリンをぬらなかったアジサイ C を入れたメスシリンダーの水の減少量との差となる。よって，
$2.8 - 0.7 = 2.1〔cm^3〕$
全体からの蒸散量は，葉の表側からの蒸散量と葉の裏側からの蒸散量，茎からの蒸散量の合計となるので，茎からの蒸散量は，
$2.8 - (0.4 + 2.1) = 0.3〔cm^3〕$ とわかる。

1 (1)　ひげ
　(2)　胞子

2 (1)①　**イ**　　②　**ウ**
　(2)①　被子　　②　胚珠
　(3)　C，D

解説

1(1)　ホウセンカやイネは，胚珠が子房につつまれている被子植物である。被子植物は，ホウセンカのような子葉が 2 枚の双子葉類と，イネのような子葉が 1 枚の単子葉類に分けられる。双子葉類の根は主根と側根からなり，単子葉類の根はひげ根と呼ばれるたくさんの細い根からなる。
(2)　スギゴケは種子をつくらない植物で，胞子でなかまをふやす。胞子は，雌株の胞子のうでつくられる。

2(1)　シダ植物のイヌワラビや，コケ植物のゼニゴケは種子をつくらず胞子でふえる。シダ植物では，一般に葉の裏側にある胞子のうで胞子がつくられ，コケ植物では，一般に雌株の胞子のうで胞子がつくられる。
また，シダ植物には根，茎，葉の区別があり，コケ植物には根，茎，葉の区別がない。
(2)　エンドウやツユクサなどの種子をつくってふえる種子植物は，胚珠が子房につつまれている被子植物と，胚珠がむき出しになっている裸子植物に分けられる。被子植物は，受粉後，子房の部分が果実となり，胚珠の部分が種子となる。
(3)　被子植物の双子葉類であるエンドウは，根が主根と側根からなり，茎の維管束が輪の形に並んでいる。一方，単子葉類であるツユクサは，根はひげ根と呼ばれるたくさんの細い根からなっていて，茎の維管束は散らばっている。

複雑だからわからない
動物のからだの中は複雑すぎる

本冊 ➡ P.57

1 B, C

2 エ

3 a ア　b オ　c エ

解説

1 肺では, 酸素をとり込んで二酸化炭素を出す。肺でとり込んだ酸素を多く含んだ血液は, 肺静脈と左心房を通って左心室へ流れ込み, 左心室から全身へ送り出される。したがって, 肺を通った直後の血液が通る血管や, 心臓から全身に送り出される血液が通る血管には, 酸素を多く含んだ動脈血が流れている。一方, 全身から心臓にもどってくる血液が通る血管や, 心臓から肺へ送り出される血液が通る血管には, 二酸化炭素を多く含んだ静脈血が流れている。

ポイント 酸素を多く含む血液を動脈血, 二酸化炭素を多く含む血液を静脈血という。左心房と左心室を通る血液は動脈血, 右心房と右心室を通る血液は静脈血である。

2 肝臓は, アンモニアを尿素につくり変えるはたらきをしている。ヒトの体内でできた有害な物質であるアンモニアは, 肝臓で害の少ない尿素につくり変えられる。肝臓でつくられた尿素は, じん臓でこし出される。

3 肺では, 酸素を体外から血液中にとり込んで全身に送り出し, 血液中の二酸化炭素を体外に出しているので, 血管aを通る血液は, 酸素の濃度が最も高い。
消化された養分は, 主に小腸から吸収されるので, 血管bを通る血液は, 養分の濃度が最も高い。じん臓は, 肝臓でつくられた尿素などをこし出して尿をつくるはたらきをしている。したがって, cの血管を流れる血液は, 尿素の濃度が最も低い。

複雑だからわからない
刺激の伝わり方がわからない

本冊 ➡ P.59

1 ① ウ　② イ　③ エ

2 ウ

3 ① エ　② ア　③ イ

解説

1 反射なので, 信号は脳を通らずに伝わる。感覚器官である手の皮膚で刺激を受けとると, 信号は, 感覚神経, せきずい, 運動神経の順に通って筋肉に伝えられ,「手を引っこめる」という反応が起こる。

2 反射なので, 信号は脳を通らずに伝わる。感覚器官である皮膚で刺激を受けとると, 信号は脳を通らずに, せきずいから筋肉へと伝えられる。

3 ① 「無意識に」という言葉があるので, この反応は反射である。感覚器官で刺激を受けとると, 信号は, 感覚神経, せきずい, 運動神経の順に通って筋肉に伝えられ,「手を引っこめる」という反応が起こる。
② 感覚器官で刺激を受けとると, 信号は感覚神経, せきずいを通って脳に伝わる。脳からは,「靴を脱げ」という命令の信号が出て, その信号がせきずいと運動神経を通って運動器官に伝わり「靴を脱ぐ」という反応が起こる。
③ 黒板に書かれた文字を見るのは目なので, 刺激を受けとる感覚器官は目である。目で刺激を受けとったときは, 信号はせきずいを通らずに脳へ伝わる。脳からは,「ノートに書け」という命令の信号が出て, その信号がせきずいと運動神経を通って運動器官に伝わり「ノートに書く」という反応が起こる。

ポイント 意識して起こす反応は,「①せきずい→②脳→③せきずい」と伝わる。感覚器官が目や耳のときは, ①のせきずいを通らず, 直接脳に伝わる。

複雑だからわからない
動物のなかま分けがややこしい

本冊 ➡ P.61

1 イ，ウ

2 A 卵生　　B 胎生
　　X トカゲ，イモリ，フナ，スズメ
　　Y ネズミ

3 (1) ア
　　(2) ① えら（と皮膚）　　② 肺
　　　　③ 皮膚

解説

1 ホニュウ類と鳥類は，背骨のあるセキツイ動物である。セキツイ動物のうち，ホニュウ類と鳥類，ハチュウ類は肺で呼吸し，魚類はえらで呼吸する。両生類は，子のときは，えらと皮膚で呼吸し，成長すると肺と皮膚で呼吸する。ホニュウ類の体表は毛でおおわれており，鳥類の体表は羽毛でおおわれている。また，ハチュウ類と魚類の体表はうろこでおおわれており，両生類の体表はしめった皮膚でおおわれている。

2 トカゲはハチュウ類，イモリは両生類，フナは魚類，ネズミはホニュウ類，スズメは鳥類である。ホニュウ類の子のうまれ方は，子が母親の体内である程度成長してからうまれる胎生で，ハチュウ類や両生類，魚類，鳥類の子のうまれ方は，親が卵をうんで，卵から子がかえる卵生である。

ZZZ…

3 (1) 背骨がない動物を無セキツイ動物という。無セキツイ動物のうち，カニやバッタのように，体表が節のある外骨格でおおわれた動物を節足動物といい，イカやマイマイ，アサリのように，内臓が外とう膜でつつまれている動物を軟体動物という。無セキツイ動物には，節足動物や軟体動物以外にも，ウニやクラゲなどのようなさまざまな動物がいる。

(2) イモリやサンショウウオは両生類のなかまである。両生類は，子はおもにえら（と皮膚）で呼吸し，成長して親になると肺と皮膚で呼吸する。魚類のサケや節足動物のカニ，軟体動物のイカやアサリはえらで呼吸する。また，ホニュウ類のキツネやウサギ，ハチュウ類のカメ，軟体動物のマイマイは肺で呼吸する。

ハチュウ類？
両生類？

よく問われる
ところだけ
覚えるんだね。

複雑だからわからない
遺伝がニガテ

本冊 ➡ P.63

1 1：1
2 (1) ウ
　(2) 1：1
3 (1) ウ
　(2) ウ，エ
4 ウ
5 (1) ウ
　(2) ウ

解説

1 親Xの遺伝子がAとa，親Yの遺伝子がaとaなので，かけ合わせによりできた種子の遺伝子の組み合わせは，Aa，Aa，aa，aaとなる。種子を丸くする遺伝子Aは，種子をしわにする遺伝子aに対して顕性なので，Aaの遺伝子の組み合わせは丸の種子に，aaの遺伝子の組み合わせはしわの種子になる。よって，丸の種子としわの種子の数の比は，2：2＝1：1となる。

> **ポイント** 親の代で純系どうしをかけ合わせたものは，子の代はすべて丸に，孫の代では，丸：しわ＝3：1となる。
> また，子の代と孫の代のしわをかけ合わせると，丸：しわ＝1：1となる。

2(1) 実験1で，丸い種子をつくる純系のエンドウ（AA）としわのある種子をつくる純系のエンドウ（aa）を受粉させてできた種子がもつ遺伝子の組み合わせはすべてAaとなる。実験1でできた種子を育てて自家受粉させると，できた種子がもつ遺伝子の組み合わせは，AA（丸），Aa（丸），Aa（丸），aa（しわ）となる。

このうち，しわのある種子（aa）の数が300個だから，Aaの遺伝子をもつ種子の数は，300 × 2 ＝ 600〔個〕と考えられる。

(2) 実験1でできた種子がもつ遺伝子の組み合わせはすべてAa，しわのある種子をつくる純系のエンドウがもつ遺伝子の組み合わせはaaだから，これらを受粉させてできた種子がもつ遺伝子の組み合わせは，Aa，Aa，aa，aaとなる。種子を丸くする遺伝子Aは，種子をしわにする遺伝子aに対して顕性なので，Aaの遺伝子の組み合わせは丸い種子に，aaの遺伝子の組み合わせはしわのある種子になる。よって，丸い種子としわのある種子の数の比は，2：2＝1：1となる。

3 (1) 観察の①で，丸い種子をつくる純系のエンドウ（ＡＡ）としわのある種子をつくる純系のエンドウ（ａａ）を受粉させてできた種子（子）がもつ遺伝子の組み合わせはすべてＡａとなる。観察の②で，子の丸い種子をまいて育て，自家受粉させてできた種子（孫）がもつ遺伝子の組み合わせは，ＡＡ（丸），Ａａ（丸），Ａａ（丸），ａａ（しわ）となる。したがって，子の種子と同じ遺伝子の組み合わせＡａをもつ孫の種子は，孫全体の50％となる。

(2) 丸い種子としわのある種子ができたことから，種子Ｘと種子Ｙを受粉させてできた種子がもつ遺伝子の組み合わせにはａａがふくまれることがわかる。したがって，種子Ｘと種子Ｙのどちらの種子も，遺伝子ａをもっていなければならない。また，丸い種子もできているので，少なくとも種子Ｘと種子Ｙのどちらか一方には，種子を丸くするＡという遺伝子がふくまれている。

4 実験で，丸形の種子Ｘとしわ形の種子Ｙ（ａａ）を育てて受粉させたとき，できた種子は丸形としわ形の両方あったことから，丸形の種子Ｘがもつ遺伝子の組み合わせはＡａとわかる。したがって，種子Ｘ（Ａａ）としわ形の種子Ｙ（ａａ）を育てて受粉させたとき，できた種子がもつ遺伝子の組み合わせは，Ａａ（丸），Ａａ（丸），ａａ（しわ），ａａ（しわ）となる。できた種子が全部で400個だから，丸形の種子は，

$$400 \times \frac{1}{2} = 200 〔個〕 と考えられる。$$

5 (1) 株Ａの赤い花と白い花をかけ合わせると，赤い花をつけるマツバボタンと，白い花をつけるマツバボタンの両方ができたことから，花の色を赤にする遺伝子Ｒをもつ株Ａは，花の色を白にする遺伝子ｒももつことがわかる。

また，株Ｂの赤い花と白い花をかけ合わせると，赤い花をつけるマツバボタンしかできなかったことから，花の色を赤にする遺伝子Ｒをもつ株Ｂは，花の色を白にする遺伝子ｒをもっていないことがわかる。したがって，株Ａの遺伝子の組み合わせはＲｒ，株Ｂの遺伝子の組み合わせはＲＲと考えられる。また，**図1**の孫の代の赤い花をつけるマツバボタンがもつ遺伝子の組み合わせは，ＲＲ，Ｒｒ，Ｒｒなので，株Ａと同じ遺伝子の組み合わせＲｒをもつ株の数は，株Ｂと同じ遺伝子の組み合わせＲＲをもつ株の数の，

2÷1＝2〔倍〕となる。

(2) 赤い花をつけるマツバボタンがもつ遺伝子の組み合わせは，ＲＲ，Ｒｒ，Ｒｒである。それぞれの種子を育てて自家受粉させたとき，できる種子がもつ遺伝子の組み合わせをまとめると，次の表のようになる。

自家受粉させる種子がもつ遺伝子の組み合わせ	できた種子がもつ遺伝子の組み合わせ			
ＲＲ	ＲＲ	ＲＲ	ＲＲ	ＲＲ
Ｒｒ	ＲＲ	Ｒｒ	Ｒｒ	ｒｒ
Ｒｒ	ＲＲ	Ｒｒ	Ｒｒ	ｒｒ

表より，赤い花をつける株の数：白い花をつける株の数＝10：2＝5：1となる。

1	イ
2	エ
3	ア

解説

1 植物, 昆虫, 小形の鳥の数量関係をピラミッドの形で表したとき, 増減の関係は, 基準となるものの上にあるものは同じで, 下になるものは逆になる。

昆虫の数量が減少したので, 昆虫を基準とすると, 昆虫の上にある小形の鳥の数量は, 昆虫の数量と同じく減少し, 昆虫の下にある植物の数量は昆虫の数量とは逆に増加する。

2 生物の数量関係が保たれるためには, 食べるものより食べられるもののほうが多くなければならない。植物, ウサギ, キツネの数量の関係をピラミッドの形で表すと, 次のようになる。

ウサギの数量が増加したので, ウサギを基準とすると, ウサギの上にあるキツネの数量は, ウサギの数量と同じく増加し, ウサギの下にある植物の数量はウサギの数量とは逆に減少する。

> **ポイント** 生態系において, 無機物から有機物をつくり出す生産者は, つくられた有機物を食べる消費者よりも数量が多い。植物は生産者であり, 消費者は, 食物連鎖で上位にくるものほど数量は少なくなる。

3 海洋においては, 植物プランクトンが生産者となるので, 数量の関係は, 動物プランクトン（Q）よりも植物プランクトン（P）のほうが多くなる。植物プランクトン, 動物プランクトン, 小魚の数量の関係をピラミッドの形で表すと, 次のようになる。

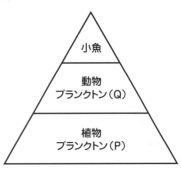

小魚の数量を減少させるので, 小魚を基準とすると, 小魚の下にある動物プランクトンの数量は, 小魚の数量とは逆に一時的に増加する。

また, 動物プランクトンの数量が増加したとき, 動物プランクトンを基準とすると, 動物プランクトンの下にある植物プランクトンの数量は, 動物プランクトンの数量とは逆に一時的に減少する。

地 学 編

公式が覚えられない
地震が伝わる速さが
求められない

本冊 ➡ P.69

1 4km/s
2 イ
3 ウ

解説

1 震源からの距離が 100km の地点に S 波が届くのにかかった時間は，図より 25 秒なので，S 波の伝わる速さは，$\dfrac{100〔km〕}{25〔s〕} = 4〔km/s〕$ である。

ポイント 速さ $= \dfrac{移動距離}{時間}$

2 地点 A と地点 B で考えると，震源からの距離の差は，$99 - 33 = 66〔km〕$，P 波が届くのにかかった時間は 12 秒なので，P 波の伝わる速さは，$\dfrac{66〔km〕}{12〔s〕} = 5.5〔km/s〕$ である。

3 S 波のほうが伝わる速さが遅いので，S 波を表しているのは b である。震源からの距離が 120km の地点に S 波が届くまでにかかった時間は，図より 40 秒なので，S 波が伝わる速さは，

$\dfrac{120〔km〕}{40〔s〕} = 3.0〔km/s〕$ となる。

ポイント 初期微動を伝える波が P 波，主要動を伝える波が S 波で，S 波は P 波よりも伝わる速さが遅い。

表・グラフが出る問題がキライ
どこで地震が起こったのか
わからない

本冊 ➡ P.71

1 イ
2 (1)

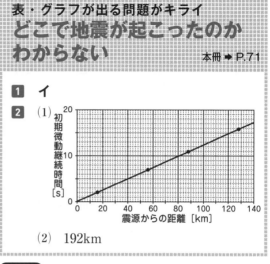

(2) 192km

解説

1 図より，この地点での初期微動継続時間は 25 秒である。グラフより，初期微動継続時間が 25 秒になるときの震源からの距離を見ると，200km であることがわかる。

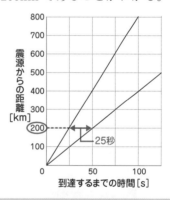

ポイント グラフから震源からの距離を読みとる。

23

2(1)　S波の到達時刻－P波の到達時刻より，初期微動継続時間を求めると次のようになる。

地点	震源からの距離	初期微動継続時間
A	16km	2 秒
B	56km	7 秒
C	88km	11 秒
D	128km	16 秒

これよりグラフを作成する。グラフは原点を通る直線になり，比例のグラフになる。

(2)　**図2**より，この地点の初期微動継続時間は 4〔秒〕× 6 = 24〔秒〕である。(1)で作成したグラフからは読みとることができないので，計算で求める。

震源からの距離を $x$km とすると，

$24 : x = 2 : 16$　これより，$x = 192$〔km〕となる。

> **ポイント** グラフから読みとれないときは，比例の計算をして求める。

本冊 ➡ P.73

複雑だからわからない
地層の傾きが読みとれない

1 イ
2 ① ク　② エ

解説

1 標高が同じAとCの凝灰岩の層の高さを比べると，**図2**よりAのほうが低くなっていることがわかる。よって，地層は北か西のほうが低くなっている。また，東西方向のAとBで，凝灰岩の層の上側の標高を調べると，Aの凝灰岩の層は，70 − 27 = 43〔m〕，Bの凝灰岩の層は，60 − 7 = 53〔m〕である。AとBではAのほうが低くなっているので，地層は西のほうが低くなっていると考えられる。

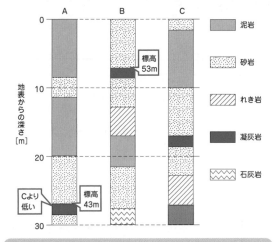

> **ポイント** 地層を比べるときは，凝灰岩の層（火山灰の層）の高さを比べる。

読みとれなーい。

2 地点A〜Dの位
置関係を真上か
ら見ると右の図
のようになる。
標高が同じ地点
Aと地点Dの火
山灰の層の高さ
を比べると，地

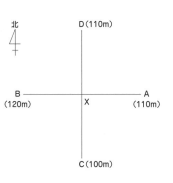

点Aのほうが低くなっている。よって，地層
は東か南，または南東のほうが低くなってい
る。また，東西方向の地点Aと地点Bで，火
山灰の層の上側の標高を調べると，地点Aの
火山灰の層は，110 − 45 = 65〔m〕，地点B
の火山灰の層は，120 − 35 = 85〔m〕である。
地点Aと地点Bでは地点Aのほうが低くなっ
ているので，地層は東のほうが低くなってい
ることがわかる。

南北方向の地点Dと地点Cでは，火山灰の層
の上側の標高を調べると，地点Cの火山灰の
層は，100 − 35 = 65〔m〕，地点Dの火山灰
の層は，110 − 25 = 85〔m〕である。地点C
と地点Dでは地点Cのほうが低くなっている
ので，地層は南のほうが低くなっていること
がわかる。よって，この地域の地層は北西か
ら南東に向かって低くなっていると考えられ
る。

火山灰の層を
見るんだよ。

数字・計算がキライ
圧力の大きさが求められない
本冊 ➡ P.75

1 1000Pa（N/m²）

2 (1) **エ**

　　(2) 800Pa

解説

1 床と触れるA面の面積は，

0.1〔m〕 × 0.2〔m〕 = 0.02〔m²〕

物体が床をおす力は20Nだから，床が物体
から受ける圧力の大きさは，

$\dfrac{20〔N〕}{0.02〔m²〕}$ = 1000〔Pa〕

2 (1) スポンジの高さは，スポンジが板から受
ける圧力の大きさによって決まるので，板に
レンガのどの面が触れ合うときも，スポンジ
の高さは同じである。

(2) 板の上にのせたレンガの質量は2.4kgな
ので，板がスポンジをおす力は24Nである。
板とスポンジが触れている面の面積は，スポ
ンジのD面なので，

20〔cm〕 × 15〔cm〕 = 300〔cm²〕 = 0.03〔m²〕

よって，スポンジが板から受ける圧力の大き
さは，

$\dfrac{24〔N〕}{0.03〔m²〕}$ = 800〔Pa〕

湿度表が読めない

本冊 ➡ P.77

1 67%

2 39%

3 エ

解説

1 乾球温度計が示した温度が14℃，湿球温度計が示した温度が11℃なので，その温度の差は 14 − 11 = 3〔℃〕である。湿度表より，乾球の示度14℃，乾球と湿球の示度の差3℃の交差するところを読むと，67%である。

乾球の示度[℃]	乾球と湿球の示度の差[℃]							
	0.0	0.5	1.0	1.5	2.0	2.5	3.0	3.5
(14)	100	94	89	83	78	72	67	62
13	100	94	88	82	77	71	66	60
12	100	94	88	82	76	70	64	59
11	100	94	87	81	75	69	63	57

> **ポイント** 湿度表は，乾球の示度と，乾球と湿球の示度の差の交差したところを読む。

2 乾球温度計が示した温度が24℃，湿球温度計が示した温度が16℃なので，その温度の差は 24 − 16 = 8〔℃〕である。湿度表より，乾球の示度24℃，乾球と湿球の示度の差8℃の交差するところを読むと，39%である。

乾球温度計の示度[℃]	乾球温度計と湿球温度計の示度の差[℃]										
	0.0	1.0	2.0	3.0	4.0	5.0	6.0	7.0	8.0	9.0	10.0
25	100	92	84	76	68	61	54	47	41	34	28
(24)	100	91	83	75	67	60	53	46	39	33	26
23	100	91	83	75	67	59	52	45	38	31	24
22	100	91	82	74	66	58	50	43	36	29	22
21	100	91	82	73	65	57	49	41	34	27	20
20	100	91	81	72	64	56	48	40	32	25	18

3 グラフより，3月20日の9時の気温は13℃，湿度は55%である。乾球の示す温度は13℃なので，湿度表より，乾球の温度が13℃で湿度が55%のときの，乾球と湿球の温度の差を読みとると，4.0℃である。

乾球の温度[℃]	乾球と湿球の温度の差[℃]					
	2.5	3.0	3.5	(4.0)	4.5	5.0
17	75	70	65	61	56	51
16	74	69	64	59	55	50
15	73	68	63	58	53	48
14	72	67	62	57	51	46
(13)	71	66	60	55	50	45
12	70	65	59	53	48	43
11	69	63	57	52	46	40
10	68	62	56	50	44	38
9	67	60	54	48	42	36

よって，湿球の示す温度は，13 − 4 = 9〔℃〕となる。

交わっているところを見るんだ！

?

数字・計算がキライ
湿度が求められない
本冊 ➡ P.79

1　① 10　② 69
2　エ

解説

1 問題文より,「気温が17℃の教室内」,「水温が11℃になったとき」で,問題文に出てくる2つの温度は17℃と11℃である。
これらの温度での飽和水蒸気量は,
17℃→14.4g/m³, 11℃→10g/m³

湿度は, $\dfrac{\text{小さい数}}{\text{大きい数}} \times 100$ より,

$\dfrac{10}{14.4} \times 100 = 69.4\cdots$〔％〕より,69％である。

> **ポイント** 湿度は, $\dfrac{\text{小さい数}}{\text{大きい数}} \times 100$ で求める。

2 まず,雲が発生したときの温度を求める。上昇する空気のかたまりの温度は高さ100mにつき1℃の割合で下がるので,高さ800mでの温度は,10 - 8 = 2〔℃〕である。これより,問題に出てくる2つの温度は10℃と2℃である。これらの温度での飽和水蒸気量は,
10℃→9.4g/m³, 2℃→5.6g/m³

湿度は, $\dfrac{5.6}{9.4} \times 100 = 59.5\cdots$〔％〕より,

約60％である。

表・グラフが出る問題がキライ
前線がいつ通過したかわからない
本冊 ➡ P.81

1　イ
2　記号　イ
　　理由　気温が急に下がり,風向が北寄りに変わったから。
3　前線　寒冷前線
　　理由　気温が急に下がっているから。風向が南寄りから北寄りに変わっているから。

解説

1 図より,11時に急に気温が下がり,12時に風向が南寄りから北寄りに変わっている。このことから,寒冷前線が通過したのは10～12時と考えられる。

> **ポイント** 寒冷前線の通過後は,気温が下がり,風向が北寄りに変わる。

2 図より,9時に急に気温が下がり,12時に風向が南寄りから北寄りに変わっている。このことから,9時から12時までの間に寒冷前線が通過したと考えられる。

3 図より,14時から15時の間に急に気温が下がっていることがわかる。また,表より,14時から15時の間に風向が南寄りから北寄りに変わっている。このことから,このとき通過した前線は寒冷前線であると考えられる。

数字・計算がキライ
日の出・日の入りの時刻が わからない

本冊 ➡ P.83

1 午後 7 時 15 分

2 5 時 15 分

3 イ

4 午前 4 時 36 分

5 オ

6 ① 自転 ② 12 時 15 分

解説

1 日の入りの位置は点Qで，1 時間の長さは 2.0cm である。最後の・印から点Qまでの長さは 5.0cm なので，このときの時間は，5.0 ÷ 2.0 = 2.5 より，2.5 時間。最後の・印は，午前 7 時 45 分の 9 時間後の午後 4 時 45 分なので，日の入りの時刻は，この 2 時間 30 分後の午後 7 時 15 分となる。

> **ポイント** 1 時間の長さから日の入りの時刻を計算する。

2 日の出の位置はA点で，1 時間の長さは 3.2cm である。AB間は 8.8cm なので，このときの時間は，8.8 ÷ 3.2 = 2.75 より，2 時間 45 分。よって，日の出の時刻は，8 時の 2 時間 45 分前の 5 時 15 分である。

3 午後 4 時から日の入りの位置までの長さは 5.5cm，1 時間の長さは 2.5cm なので，このときの時間は，5.5 ÷ 2.5 = 2.2 より，2 時間 12 分。よって，日の入りの時刻は，午後 4 時の 2 時間 12 分後の午後 6 時 12 分である。

4 YからZまでの長さが 3.0cm なので，1 時間の長さは 3.0 ÷ 3 = 1.0 より，1.0cm である。XからYまでの長さが 4.4cm なので，このときの時間は，4.4 ÷ 1.0=4.4 より，4 時間 24 分。よって，日の出の時刻は，午前 9 時の 4 時間 24 分前の午前 4 時 36 分である。

5 日の出の位置は点X，1 時間の長さは 3.0cm である。点Xから点Yまでの長さは 30.0cm なので，点Cから点Xまでの長さは 15.0cm。このときの時間は，15.0 ÷ 3.0 = 5 より，5 時間である。よって，日の出の時刻は，正午の 5 時間前の 7 時である。

6 南中時刻は，日の出と日の入りの時刻のちょうど真ん中の時刻になり，点Pは日の出，点Qが日の入りの位置である。まず日の出の時刻を求めると，1 時間の長さが 4.0cm なので，点Pから 9 時までの時間は，11.0 ÷ 4.0 = 2.75 より，2 時間 45 分。よって，日の出の時刻は，9 時の 2 時間 45 分前の 6 時 15 分になる。次に日の入りの時刻を求めると，午後 15 時から点Qまでの時間は，13.0 ÷ 4.0 = 3.25 より，3 時間 15 分。よって，日の入りの時刻は 15 時の 3 時間 15 分後の 18 時 15 分。南中時刻は，6 時 15 分と 18 時 15 分のちょうど真ん中になるので，12 時 15 分とわかる。

イメージできない
地球の公転が
イメージできない

本冊 ➡ P.87

1 D

2 (1) **ウ**

(2) さそり座

3 Ⅰ群 **ア**

Ⅱ群 **カ**

解説

1 地球がA～Dにあるときのそれぞれの真夜中の自分をかいてみると，次の図のようになる。

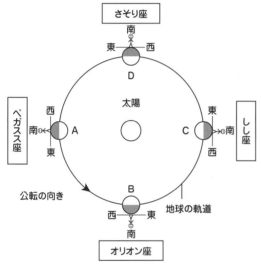

図より，真夜中に南の空にさそり座が見えるのはDの位置とわかる。

ポイント 真夜中の自分をかいて，その位置での方角を確認する。

2 (1)地球がAの位置にあるときの真夜中の自分をかいてみると次の図のようになる。

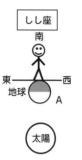

図より，Aの位置にあるとき，真夜中にしし座が見えるのは南の方向である。

(2) 地球がBの位置にあるときの日没時の自分をかいてみると次の図のようになる。

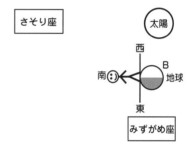

図より，Bの位置にあるとき，日没時に真南に見られる星座はさそり座である。

ひっかけ問題である。問題の図からはわかりづらいが，次の図のように実際には地球から太陽までの距離は，地球から星座までの距離よりもずっと短いため，いて座は誤りである。

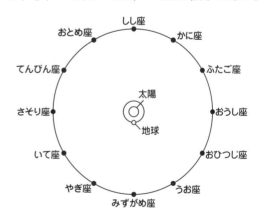

3 それぞれの位置での日本の季節は次のように
なる。

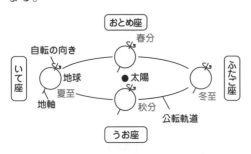

春分の日の真夜中の自分をかいてみると次の
図のようになる。

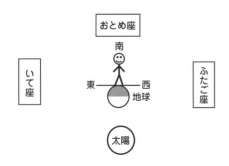

図より，春分の日の真夜中に南の空に見える
のはおとめ座である。
次に，夏至，秋分，冬至の日のそれぞれの真
夜中の自分をかいてみる。

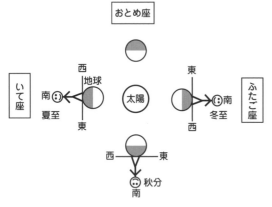

図より，真夜中の西の空におとめ座が見える
のは，夏至の日である。

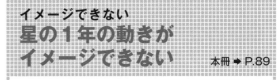

本冊 ➡ P.89

1 ア
2 2月
3 ウ

解説

1 星が見える位置は，1か月で30°西に移動す
るので，3月6日の午後8時には，Aの星は
2月4日の午後8時の南中の位置から，西に
30°移動した位置にある。また，星が見える
位置は1時間に15°西に移動するので，
30 ÷ 15 = 2 より，午後8時の2時間前の午
後6時に南中すると考えられる。

> **ポイント** 星の見える位置は，1か月で30°，1時
> 間で15°西に移動する。

2 星が見える位置は，1時間に15°西に移動す
るので，午後8時に真南に見えたオリオン座
は，午前0時には，15 × 4 = 60 より，真南
から60°西に移動した位置に見える。また，
星が見える位置は，1か月で30°西に移動す
るので，60 ÷ 30 = 2 より，ある月の15日は，
12月15日の2か月後であったと考えられる。

3 北の空の星は，1時間に15°反時計回りに移
動して見えるので，Aを観察した日の午後
11時には，カシオペヤ座は，15 × 3 = 45 よ
り，45°反時計回りに移動した位置に見える。
135 − 45 = 90 より，同じ時刻に見えるBの
カシオペヤ座は，Aから90°移動した位置に
ある。また，北の空の星は，1か月に30°反
時計回りに移動して見えるので，
90 ÷ 30 = 3 より，BはAを観察した日から
3か月後に観察したと考えられる。

> **ポイント** 北の空の星の見える位置は，1か月で30°，
> 1時間で15°反時計回りに移動する。

イメージできない
金星の位置が
イメージできない

本冊 → P.91

1 A
2 ウ
3 Y カ Z ア

解説

1 観察した金星は，右側が光っているので太陽の左側にあることがわかる。したがって，金星が半円に見える位置はAとなる。

2 観察した金星は，右側が光っているので太陽の左側にあることがわかる。また，観察した金星は半円より欠けているので，半円に見える位置より地球に近い**ウ**の位置にあるときとわかる。

3 金星がYの位置にあるときは，太陽の左側にあるので，金星の右側が光って見える。また，半円に見えるXの位置よりも地球に近いので，半円よりも欠けていて，大きさが大きい**カ**のように見える。
金星がZの位置にあるときは，太陽の右側にあるので，金星の左側が光って見える。また，Xの位置で半円に見えることから，Zの位置では半円よりも満ちていて，Xの位置よりも大きさが小さい**ア**のように見える。

ポイント 金星は，地球に近いほど大きく見え，地球から離れるほど小さく見える。

番外編

むずかしいのでニガテ
用語を答える問題がキライ

本冊 → P.93

1 （光の）屈折
2 誘導電流
3 蒸留
4 反射
5 露点

解説

1 物理分野の問題で，問題文に「光が折れ曲がって進む」とあるので，（光の）屈折。

2 物理分野のコイルを使った問題で，問題文に「流れる電流」とあるので，誘導電流。

3 化学分野の問題で，問題文に「再び液体としてとり出す」とあるので，蒸留。

4 生物分野の問題で，問題文に「無意識に起こる反応」とあるので，反射。

5 地学分野の問題で，問題文に「水蒸気が水滴に変わるときの温度」とあるので，露点。

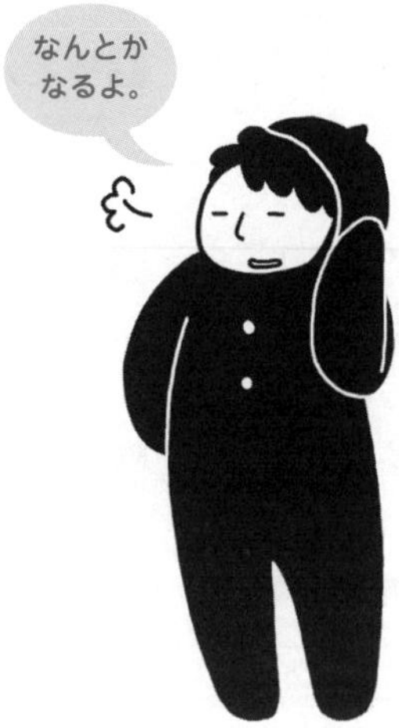
なんとか
なるよ。